탄소 중립
쫌 아는 10대

과학
쫌 아는
십대
19

탄소 중립
쫌 아는 10대

오승현 글 • 이로우 그림 • 윤순진 감수

풀빛

탄소 제로가 지구를 구한다고?

왜 전기차를 사는 걸까?

미술 시간에 미래 자동차를 그려 본 적 있니? 나는 어릴 적에 하늘을 날아다니는 자동차를 그렸어. 미래의 자동차는 어떤 모습일까 상상해 보면 언젠가는 하늘을 날아다니는 자동차도, 스스로 운전하는 자율주행 자동차도 나올 거라 생각했거든. 놀랍게도 상상 속 미래에서 현실로 가장 먼저 도착한 것은 전기차

야. 최근엔 전기차가 대세가 된 느낌마저 들잖아? 다양한 브랜드의 전기차가 도로 위를 달리고 있어.

왜 갑자기 전기차의 시대가 된 걸까? 싸서? 편리해서? 기술적으로 뛰어나서? 모두 아니야. 싸거나 편리하거나 기술적으로 뛰어난 게 이유라면 시장에서 알아서 전기차를 선택했겠지. 지금은 시장이 아니라, 정부가 전기차 판매를 이끌고 있어.

왜냐고? 환경 문제와 관련이 있어. 네덜란드·노르웨이 등은 2025년에, 영국·독일·스웨덴·덴마크 등은 2030년에 내연기관 자동차의 판매를 금지하기로 했지. 내연기관 자동차는 휘발유, 디젤, LPG 등을 원료로 쓰는 자동차를 말해. 운행 시 이산화탄소를 배출하지. 지구의 온실가스를 줄이기 위해서는 내연기관 자동차를 줄여야 하는 상황에 이른 거야.

우리나라는 그럼 어떤 계획을 가지고 있을까? 서울시에서는 2035년부터 화석연료를 태우는 내연기관 차량의 등록이 불가능해. 따라서 자동차 회사들도 여기에 발맞춰 내연기관 자동차를 더는 생산하지 않을 계획이지. 폭스바겐은 2029년부터 전기 자동차만 출시하고, 볼보와 포드도 2030년부터 전기 자동차만 출시하기로 했어. 현대, 기아도 2040년부터 전기 자동차 위주로 생산할 계획을 발표했지. 점점 내연기관 자동차가 설 자리가 줄어들고 전기차나 수소차가 늘어날 거야. 이 모든 변화는 기후 때문에 벌어졌어. 자동차와 기후라니, 잘 연결이 안 되지?

지금 이 순간에도 지구의 온도는 빠르게 오르고 있어. '지구 온난화'나 '기후 변화'라는 말을 들어 봤을 거야. 지구의 온도가 점점 높아지면서 그로 인해 기후가 변하고 있다는 뜻이야. 안타깝게도 상황은 매년 더 심각해지고 있어. 그래서 최근엔 '기후 위기'나 '기후 재앙'이라 부르지. 매년 초 스위스 다보스에서는 세계경제포럼(WEF)이 열려. 전 세계 기업인, 정치인, 경제학자 등이 모여 세계 경제에 대해 논의하는 국제 민간 회의야. 세계경제포럼이 2024년 발간한 〈세계 위험 보고서〉에 따르면, 2024년 인류가 직면할 가장 큰 위협은 '극단적 기후 현상'이었어. 전쟁이나 핵무기도 아니고, 자원 고갈이나 식량 부족도 아니고, 극단적 기후 현상이라니! 문제가 정말 심각한 거야.

지구의 온도가 더는 오르면 안 돼. 그러려면 온도 상승의 주범인 탄소 배출을 줄여야 해. 사실, 탄소 배출을 줄이자는 주장은 어제오늘 나온 이야기가 아니야. 오래전부터 환경운동가들과 과학자들이 입을 모아 주장해 왔어. 많은 사람이 같은 이야기를 되풀이하는 이유는 정말로 중요한 문제이기 때문이고, 중요한데도 잘 지켜지지 않기 때문이야.

2019년 3월과 5월에는 전 세계 100개국에서 많은 어린이와 청소년이 참여해 기후 변화 대응을 부르짖는 등교 거부 캠페인을 벌였어. 참가자가 100만 명이 넘었지. 어린이와 청소년에게 기후 위기는 더는 먼 훗날의 일이 아니야. 우리가 살아갈 미래지. 우리 모두가 지금 당장 '탄소 중립'에 관심을 가져야 할 이유야.

지구를 구하는
ZERO를 시작해요!

3장 탄소 중립을 향해

4장 탄소를 줄이기 위한 제도들

1장

뜨거워지는 지구

지구상의 생물 중
어느 한 종을 잃는 것은
비행기 날개에 달린
나사못을 빼는 것과 같다.

펄펄 끓는 지구

지구가 점점 뜨거워지고 있어. 아래 표는 지구 기온을 측정한 이래 가장 더웠던 해를 모아 놓은 거야. 1위부터 10위까지를 살펴보면 놀랍게도 전부 21세기의 기록이지.

전문가들은 지구 온난화로 무더위와 강추위, 빙하 해빙, 해수면 상승, 가뭄과 사막화, 홍수, 태풍 등의 극단적인 기후 현상이 크게 늘어났다고 강조해. 이런 현상은 인간에게 큰 위협이 되고 있어. 건조한 날씨로 인한 산불 증가, 해수면 상승에 따른 주거 위협, 가뭄과 사막화로 인한 물과 식량 부족, 그에 따른 기후 분쟁 등이 일상이 될 거로 예측하지.

2021년 8월 9일, 유엔 산하의 IPCC(기후 변화에 관한 정부 간 협의체)는 〈제6차 평가 보고서〉를 발표했어(64쪽 참고). 해당 보고서에 따르면 현재

순위	연도
1	2023년
2	2016년
3	2020년
4	2019년
5	2015년
6	2017년
7	2021년
8	2018년
9	2014년
10	2010년

▶ 역대 가장 더운 해(1880~2023년)

지구의 온도는 산업화 이전 대비 1.09도(℃) 상승했고, 지구 평균 해수면은 0.2미터가량 높아졌어. 2023년에는 지구 기온이 산업화 이전 대비 1.48도나 올라갔어. 기상 관측 이래 가장 더웠지. 앞으로 가장 더운 해 기록을 계속 갈아 치울 거야.

1.09도나 1.48도가 별로 큰 문제가 아닌 것 같니? '고작 1도'가 아니야. 수만 년 전에 지구는 아주 추운 빙하기였어. 그때의 평균 기온과 오늘날의 평균 기온은 얼마나 차이가 날 것 같아? 5도에 불과해. 마지막 빙하기에서부터 현재의 간빙기로 넘어오는 약 1만 년이란 길고 긴 동안에 기온이 4~5도 상승했다는 거야. 4~5도 상승에 1만 년이 걸린 것과 비교하면, 1도 상승에 100년이 걸린 건 빠른 속도로 크게 바뀐 거야. 무려 20~25배

나 빠른 셈이지. 시속 4킬로미터의 속도로 걷는 사람이 갑자기 시속 100킬로미터의 속도로 뛴다고 상상해 봐. 시속 100킬로미 터로 달리는 자동차에 올라탄 게 아니라, 맨몸으로 그 속도로 달린다고 말이야. 그럼 몸이 감당할 수 있겠어? 지금 지구가 몸살을 앓고 있는 이유도 이와 비슷해.

최근 40년 사이에 기온이 50도가 넘는 무더위 일수가 꾸준히 늘고 있어. 최고 기온이 50도 이상을 기록한 날을 조사해 보니 1980~2009년에는 연평균 14일이었는데, 2010~2019년에는 26일로 2배 가까이 증가했지. 지구의 온도 1도 상승은 결코 가볍게 볼 일이 아니야. 체온을 떠올려 보면 이해하기 쉬워. 체온이 2~3도만 올라가도 온몸이 불덩이가 되잖아. 병원에서는 고열의 환자를 긴급(응급) 환자로 분류해. 사람은 체온이 40도가 넘으면 죽을 수도 있거든. 지구는 거대한 몸이라고 할 수 있어. 지구의 평균 기온이 3.7도 이상 올라가는 것은 사람의 체온이 40도가 넘는 것과 같아. 이대로 계속 뜨거워진다면 지구는 불덩이로 변할 거야. 그럼 지구상의 모든 생명체가 고통을 겪게 되겠지. 인간도 그 고통에서 예외일 수 없어.

지구가 뜨거워지면 더위 자체로도 큰 피해를 주지만, 연이어 여러 피해가 따라온다는 게 더 무서운 일이야. 가장 큰 문제는

영국의 지원으로 요르단 암만에 세워진 난민을 위한 식료품 센터. 세계 식량 계획(WFP)을 통해 세워졌다. (출처: 위키미디어 커먼즈)

식량 부족이야. 기온이 1도 오를 때마다 밀의 수확량은 6퍼센트, 쌀은 3.2퍼센트, 옥수수는 7.4퍼센트씩 줄어들 것으로 예상돼. 이 경우 전체 농업 생산량은 10퍼센트 이상 줄어들 수 있어. 21세기 말이 되면 50퍼센트 줄어든 농업 생산량으로 50퍼센트 늘어난 인구를 먹여 살려야 할지도 몰라. 쉽게 말해 100만큼 농사지어 생산해 100명이 먹다가, 50만큼 생산해 150명이 먹어야 한다는 뜻이야.

그럼 물과 식량을 찾아서 사람들이 살던 곳을 떠날 거야. 2015년부터 유럽을 휩쓴 기후 난민 사태가 대표적이야. 한 해에 수십만 명의 시리아 난민이 지중해를 건너서 유럽으로 넘어왔어. 직접적인 이유는 내전이었지만, 그 싸움의 배경에는 지구 온난화가 있었어. 다툼의 밑바닥엔 물을 비롯한 자원을 둘러싼 갈등이 있었거든. 극단적인 기후 환경이 갈등과 분쟁을 부추겼고, 결국 많은 사람이 기후 난민이 되었어.

기후 위기에 가장 취약한 사람들은 가난한 나라의 가난한 사람들이야. 그들은 농사를 짓거나 가축을 키우면서 누구보다 자연에 깊이 의존하며 살아가거든. 당연히 기후 변화에 크게 영향을 받을 수밖에 없어. 뜨거워진 지구에서 모두가 고통을 받겠지만, 가난한 나라의 가난한 사람들은 더 큰 고통을 당할 수밖에 없는 거야.

어두운 미래 전망

미국 하버드대학교, 영국 유니버시티칼리지런던(UCL), 버밍엄대학교, 레스터대학교 공동 연구팀은 2021년 2월 9일, 화석연료로 인한 대기 오염으로 얼마나 많은 사람이 사망했는지를 발표했어. 결과는 정말 충격이었지. 전 세계 사망자 중에 18퍼센트, 그러니까 5명 중에서 1명이 화석연료에 의한 대기 오염으로 숨졌어. 2018년 기준, 그 수는 자그마치 870만 명에 이르지.

대기 오염으로 1명이 사망할 때는 10명의 심각한 환자가 있고, 더 나아가 100명의 환경성 질환자가 있다고 해. 그리고 그중 100명 이상은 목이 칼칼한 고통을 느낀다고 하지. 즉, 대기 오염으로 1명이 죽을 땐 100배 이상의 사람이 괴로움을 겪는 거야. 870만 명이 숨졌다는 건, 전 세계에서 8억 명 넘는 사람들이 대기 오염으로 괴로워한다는 거지. 물은 가려서 마실 수 있지만, 공기는 가려서 마실 수 없잖아. 대기 오염은 피하려 해도 피할 수 없는 문제야.

그런데 기후 위기는 대기 오염보다 더 심각한 문제야. 총 한 방 쏘지 않고도 수억 명의 목숨을 앗아 가는 '기후 전쟁'의 시대가 올지도 모르거든. 2018년, 미국 듀크대학교의 드루 신델 교수가 이끄는 연구진은 지구 평균 기온이 2도 올라가면 1.5도 상승할 때보다 대기 오염으로 죽는 사람이 1억 5000만 명 더 늘어난다고 내다봤어. 제2차 세계대전 때 독일 나치가 집단 학살한 유대인 숫자가 600만 명이었어. 1억 5000만 명은 그보다 25배나 큰 규모야.

국제이주기구(IOM)는 2009년에 열린 제15차 기후변화협약

지표	1.5도		2도	
	노출	취약	노출	취약
물 부족	33억 4000만	4억 9600만	36억 5800만	5억 8600만
폭염	39억 6000만	11억 8700만	59억 8600만	15억 8100만
거주지 감소	9100만	1000만	6억 8000만	1억 200만
농작물 변화	3500만	800만	3억 6200만	8100만

▶ 기온 상승에 따른 위험 노출 인구 비교(IPCC 2018)

총회에서 2050년에는 기후 변화에 따른 자연재해로 최대 10억 명의 난민이 발생할 거라는 보고서를 발표했어. 이러한 난민을 기후 난민, 생태학적 난민이라고 해. 생태학적 난민은 가뭄과 사막화뿐만 아니라 해수면 상승, 홍수, 태풍, 폭설, 한파, 대기 오염 등 다양한 자연재해 때문에 발생하지. 난민이 발생하는 지역은 개발도상국에 집중돼 있어.

표는 지구의 온도가 지금보다 1.5도 상승했을 때와 2도 상승할 때를 예측한 내용이야. 과학 잡지 〈네이처〉에 따르면, 지구 온도는 2028년엔 1.5도 상승에 도달해. 이 '1.5도'는 세계가 2100년까지 넘기지 않도록 한 목표치(Tipping Point[1])야. 그런데 문제는 지구 기온이 그 이상 오를 가능성도 있다는 거지. 우리가 충분히 노력하지 않는다면 말이야.

만약 기온이 향후 수십 년 동안 그 한계를 넘기면 '인류 소멸'을 우려할 만큼 끔찍하고 암울한 미래가 올지도 몰라. 유엔환경계획(UNEP)은 "현재 추세대로면 2100년 이전에 3.2도 상승할 것"이라고 예측했어. 인류의 파멸을 부를 비극적인 시나리오야.

안타깝게도 상황은 점점 더 나빠지고 있어. 이대로라면 2100년경에는 최대 4.8도까지 상승할 거라는 게 2013년 IPCC의

> **1** **티핑 포인트**란 '갑자기 뒤집히는 점'이란 뜻으로, 어떤 상황이 갑자기 크게 변화하는 순간을 가리켜. 물을 가열하면 온도가 서서히 올라가다 100도가 되는 순간 갑자기 끓기 시작해. 100도가 바로 티핑 포인트야. 우리말로 급변점이라고 불러.

〈제5차 평가 보고서〉예상이었어. 그런데 2023년 〈제6차 평가 보고서〉는 극적인 감축이 이뤄지지 않는다면 최대 5.7도 상승을 전망했지. 또한 2018년의 〈지구 온난화 1.5도 특별 보고서〉에서는 지금처럼 온실가스를 배출한다면 2030~2052년에 지구 기온이 1.5도 상승할 것으로 경고했는데, 〈제6차 평가 보고서〉에서는 그 시기가 2021~2040년으로 10년이나 당겨졌어. 2024년 현재, 이미 1.5도 저지선 안에 들어선 거야.

놀이공원에 가면 '바이킹'이라는 놀이기구가 있는데, 혹시 타 본 적 있니? 뿔 투구를 쓴 채 약탈을 일삼았던 바이킹족이 타고 다니던 배를 본뜬 놀이기구라 '바이킹'이라고 부르지. 바이킹족은 중세 유럽인들에겐 공포의 대상이었어. 그런데 어느 날 자취를 감췄지. 왜냐고? 13~17세기에 찾아온 소빙기로 기온이 크게 떨어진 탓이었어. 얼음이 얼어서 배를 띄울 수가 없었거든. 북극과 인접한 그린란드에 정착해 살았던 바이킹족은 생존에 큰 어려움을 겪었지. 여름이 짧아지고 겨울이 길어지자 농사와 목축은 물론이고 어업도 어려워졌어. 결국 이들은 기후 변화에 적응하지 못해 몰락했고, 살아남은 사람들은 따뜻한 남쪽 지역으로 뿔뿔이 흩어졌지.

위협받는 생물 다양성

기후 변화로 기후 조건이 바뀌면 기온 상승, 빙하 해빙, 해수면 상승, 해양의 산성화, 극한 기후 현상(집중호우, 홍수, 가뭄, 태풍, 산불 등)이 증가해. 즉 생물 종의 생존과 번영에 필수적인 환경 조건이 변하는 거야.

기후 변화는 그 자체로도 위협이자 고통이야. 그런데 더 큰 문제는 기후 변화가 생물 다양성(biodiversity)을 급격히 훼손한다는 점이지. 생물 다양성의 위기는 결국 우리 모두의 생존을 위협할 거야. 생물 다양성은 지구상에 얼마나 다양한 생물이 분포하고 있는지를 나타내는 기준이야.

생물 다양성은 세 가지를 포함해. 살아 있는 종의 다양성, 생물이 서식하는 생태 환경의 다양성, 생물이 지닌 유전자의 다양성이야. 생물 다양성이 중요한 이유는 이런 다양성이 유지될수록 자연 생태계가 안정적이기 때문이지.

생태계는 모든 것이 연결되어 있고 상호 영향을 주고받아. 유명한 예로 옐로스톤 국립공원의 늑대 이야기가 있어. 100여 년전 옐로스톤 지역의 사람들은 가축을 해치는 늑대를 모조리 죽였어. 그러자 사슴이 엄청나게 불어나서 풀이라는 풀은 다

뜯어 먹었지. 식물이 점차 사라지고 황폐해지자 토양 침식이 발생했어. 흙이 무너져 강으로 흘러 들어간 거야. 많은 흙이 강으로 쏟아지면서 물고기가 살기 힘들어졌어. 결국 생태계 전체의 균형이 무너졌지.

사람들은 뒤늦게 늑대가 사라지면서 벌어진 일이라는 사실을 알아차렸어. 그래서 1995년 미국 정부는 캐나다에서 늑대를 들여와 공원에 풀어 줬지. 그러자 늑대가 사슴을 잡아먹으며 개체 수가 조절되었고, 강가의 나무들도 살아났어. 비버가 돌아온 것은 말할 것도 없고.

이와 비슷한 사례로 1958년 중국의 참새 소탕 작전이 있어. 참새가 곡식을 쪼아 먹어 쌀 생산량이 줄어들자 중국은 2억 마리가 넘는 참새를 소탕해. 그 이후로 쌀 생산량이 늘었을까? 아니, 오히려 급격히 줄었어. 참새가 사라지자 해충이 급증해서 농사를 망쳤거든. 생태계가 연결되어 있기 때문에 그런 거야.

생존 환경이 달라지면 환경에 적응하지 못하는 생물 종은 멸종하게 돼. 지구가 더워지는 만큼 생물이 빠르게 적응한다면 상관없겠지만 그렇지 않다는 게 문제야. 현재 생물 다양성은 인류 역사상 그 어느 때보다 빠르게 감소하고 있어. 100만 종의 동식물이 멸종 위기에 처한 것으로 추정되거든.

생태계 붕괴를 가져올지 모를 생물 다양성 훼손은 인류의 복지, 더 나아가 생존을 위협할 수 있어. 기원전 5세기경, 의학의 아버지 히포크라테스는 환자의 고통을 줄여 주려고 버드나무 잎을 씹게 했지. 아스피린은 대표적인 의약품인데, 버드나무 껍질에서 추출한 물질로 만들어. 처음엔 버드나무즙인 살리실산이 치료제로 쓰이다가 나중에 살리실산과 아세트산을 합성시켜 아스피린을 만들었지. 이처럼 현대의학에서 사용되는 많은 의약품의 원료는 자연으로부터 얻어. 모르핀 같은 통증 완화제는 양귀비, 탁솔과 같은 항암제는 주목 나무로 만들지.

특히 식물과 미생물은 인간의 면역 체계를 튼튼히 하는 데 큰 역할을 해. 이것들에 들어 있는 특정 성분들은 새로운 치료약 개발에 매우 중요하거든. 미국 국립암연구소는 지구상에 암세포를 물리치는 효능을 지닌 식물이 3000종 넘게 존재하는데, 그중 70퍼센트가 열대 우림에 서식한다는 연구 결과를 내놓았어. 이처럼 생물 다양성은 인류의 생존에도 큰 영향을 미쳐.

전문가들은 현시대를 기후 위기의 시대라고 말해. 생명체들이 급격히 사라지고 있고, 그 속도가 우리의 예상보다 훨씬 빠르거든. 지난 40년 동안 유럽에서 4억 마리, 미국에서 30억 마리가 넘는 새들이 사라졌어. 개체 수 말고 종의 수는 어떨까?

해마다 2만 5천 종의 생물이 사라지고 있어. IPCC의 〈생물 다양성 보고서〉에 따르면, 20세기 초와 비교해서 멸종한 생물 종의 수가 100배 증가했어. 산업혁명 이래 화석 에너지 사용량이 폭발적으로 늘면서 기후 시스템에 변화가 일어난 결과야. 인류가 편리와 풍요를 추구하면서 지구상에 유례없는 대량 학살이 일어난 거지. 이러한 상황에서 인간만 안전할 수 있을까?

과학 학술지 〈사이언스 어드밴스〉에 실린 논문에 따르면, 2100년 모든 생물 종의 최대 27퍼센트가 멸종할지도 모른대. 과학자들은 앞으로 10년 안에 100만 종의 동물이 지구에서 멸종할 거라고 경고해. 지금 일어나는 생물 종의 멸종 속도는 인간이 지구에 출현하기 이전과 비교하면 거의 천 배나 빠르다고 하지. 그래서 몇몇 과학자들은 현재 여섯 번째 대멸종이 시작되었다고 말해. 프랑스 국립과학연구센터(CNRS)가 환경생물학 학술지에 게재된 1만 3천여 편의 논문을 분석한 결과, 많은 과학자들이 "현재 대멸종이 진행 중인 것으로 본다"는 결론에 도달했어.

앞선 다섯 번의 대멸종은 자연의 법칙에 따라 일어났지만, 여섯 번째 대멸종은 인간이 앞당기고 있어. 또 지금까지 총 다섯 차례의 대멸종에서 최상위 포식자들이 예외 없이 모두 사라진 것으로 미루어 보아, 여섯 번째 대멸종에서는 최상위 포식자인 인간의 생존이 위험할 수 있다고 경고하지. 아마도 인류는 우주에서 우리가 알고 있는 유일한 보금자리이자 생명 공동체인 지구를 망친 결과로 엄청난 대가를 치르게 될 거야.

과학의 경고에 귀를 기울이자

찰스 디킨스의 소설 《크리스마스 캐럴》에는 스크루지 영감에게 지금껏 살아온 대로 계속 행동하면 어떤 일이 벌어질지를 알려 주는 유령들이 등장해. 유령이 보여 준 미래 모습이 스크루지 영감을 변화시키지. 우리에게도 앞으로 닥칠 미래를 보여 줄 유령이 필요해. 과학자들이 바로 그런 역할을 하지.

"전 세계의 용광로에서 해마다 석탄 20억 톤이 불타면서 이산화탄소가 발생한다. 대기로 퍼지는 이산화탄소는 매년 70억 톤에 이른다. 이것은 마치 담요처럼 지구를 따뜻하게 덮어 온도를 올린다. 이러한 문제는 수 세기 안에 심각한 수준으로 나타날 수 있다." 이것은 뉴질랜드의 신문 〈로드니 앤드 오타마테아 타임스〉에 실린 1912년 8월 14일자 기사 내용이야. 놀랍게도

1912년에 이미 기후 변화의 위험성을 경고한 거지.

세계적인 환경운동가인 그레타 툰베리의 먼 조상인 스반테 아레니우스는 온실 효과를 발견해 1903년에 노벨 화학상을 받았어. 그는 화석연료 사용이 지구 온난화에 큰 영향을 미친다는 사실을 최초로 밝혀냈지(이것은 1960년 지구 온난화 초기 연구의 기초가 돼). 이산화탄소가 지구 대기의 온도를 끌어올리고, 화석연료 탓에 온난화의 속도가 빨라진다는 사실이 1930년대에 이미 과학적으로 밝혀진 거야.

과학계에서 변방의 이론으로 여겨졌던 '지구 온난화'가 상식으로 받아들여지기 시작한 건 1950년대부터야. 1960년대 중반이 되자 미국의 과학자들은 "인류가 자신을 둘러싼 환경인 지구를 두고 거대한 지구물리학 실험을 벌이고 있다"라고 경고했어. 또한 2000년이 되면 기온 상승으로 기후 변화가 초래될 거라고 덧붙였지.

1970년대 과학자들은 오늘날에 우리가 기후 변화와 관련해서 알고 있는 거의 모든 것을 파악했어. 매우 유명한 보고서가 있는데, 1972년의 〈인류 위기에 관한 프로젝트 보고서〉야. 지금까지 했던 대로 세계 인구 증가와 산업화, 환경 오염, 식량 생산, 자원 약탈 등이 계속된다면 세계는 100년 안에 성장의 한계에

도달하고, 인구와 산업 생산력은 급락할 것이라는 결론이었지 (이 보고서를 바탕으로 출간된 책이 그 유명한 《성장의 한계》야). 보고서가 발표되자 그 충격은 상당했고, 세계적인 논쟁거리가 되었어. 그러자 기업들, 그리고 그 기업과 공생 관계에 있는 다양한 전문가들이 이 보고서를 비판하는 대열에 합류하면서 점차 사람들의 기억 속에서 잊혔지.

그러다 2000년대에 이 보고서가 다시 주목받기 시작했어. 2008년에 호주 연방과학기술연구원 소속인 그레이엄 터너가 이 보고서가 예측한 추이와 실제 데이터를 비교해서 거의 일치하는 결과를 확인했거든. 《성성의 한계》가 예측한 미래는 2030년 무렵에 경제 붕괴로 인구가 감소하면서 급격한 내리막을 걷는다고 되어 있지.

과학자들은 오래전부터 계속 경고해 왔어. 우리가 듣지 않고 회피했을 뿐이야. 경고를 무시한 이유는 심각성을 체감하지 못해서야. 가뭄, 산불, 홍수 등 자연재해가 눈에 띄게 늘어나면서 걱정하는 사람들이 늘고는 있지만, 여전히 체감하지 못하는 사람이 많아. 문명학자 재러드 다이아몬드는 이러한 현상에 대해 《문명의 붕괴》에서 '풍경에 대한 기억 상실'이라는 개념을 제시하지. 자연환경이 매년 조금씩 달라지기 때문에 현재의 풍경이 과거의 풍경과 비교해 얼마나 달라졌는지를 사람들이 깨닫지 못한다는 거야. 그러나 실상은, 자세히 들여다보면 우리를 둘러싼 자연환경이 하루가 다르게 변하고 있어. 누구나 귀를 기울이면 지구의 신음 소리를 들을 수 있을 정도로. 다만 들으려 하지 않거나, 듣고도 고개를 돌려 외면하기 때문에 문제인 거야.

혹시 냄비 속의 개구리 이야기를 알고 있니? 개구리를 뜨거운 물에 넣으면 깜짝 놀라서 바로 튀어 나오지. 그런데 찬물에 개구리를 넣고 서서히 물을 데우면 어떻게 될까? 온도 변화를 알아차리지 못한 개구리는 냄비 속에서 유유히 헤엄치다가 익어 버려. 서서히 죽음을 맞이하는 거야. 우리가 서서히 망가지고 있는 기후 변화에 지금 당장 대응하지 않으면 냄비 속 개구리처럼 나중엔 더 큰 화를 당할 수 있어.

물론 눈이 밝고 귀가 밝은 사람들은 좀 더 일찍 과학자들의 이야기에 주의를 기울였지. 일부 언론들이 지구 온난화에서 기후 위기(climate crisis)로, 기후 위기에서 더 나아가 기후 비상사태(climate emergency)라고 표현하는 것도 그중 하나야. 위험하기만 한 것이 아니라, 긴급 조치가 필요할 정도로 긴박한 상황이라는 의미를 더한 거지. 영국 옥스퍼드 사전은 매년 올해의 단어를 발표하는데, 2019년에는 '기후 비상사태'가 선정되었어.

"지구가 파괴된다는 소식은 재미있게 다루면 안 되는 거예요. 우리가 100퍼센트 다 죽는다잖아요!" 영화 〈돈 룩 업(Don't Look Up)〉(2021)에서 지구에 거대한 혜성이 날아들고 있다는 소식에 농담 따먹기나 하는 시사 프로그램 사회자들에게 주인공인 대학원생 케이트가 울분을 토하며 한 말이야. 혜성이 날아오는데도 영화 속의 사람들은 천하태평이거든. 지금 우리도 그런 모습이진 않을까?

2장

모든 건
탄소 탓

마크 트웨인

문명화란
불필요한 필요의
끝없는 확장이다.

온실 효과

금성에서는 햇빛이 거의 보이지 않아. 황산 구름이 둘러싸고 있어서 태양 빛을 70퍼센트 가까이 반사하거든. 그래서 구름을 뚫고 지상에 도달하는 태양열이 아주 적어. 따라서 이론상으로는 엄청 추워야 정상이야. 그런데 지금의 금성은 어마어마하게 뜨거워. 생명이 살 수 없는 불구덩이 행성이지. 평균 기온이 464도에 달하거든. 금성의 표면은 납을 녹일 정도로 뜨거워.

왜 그럴까? 금성은 지구보다 태양에 더 가까워서 뜨거운 걸까? 아니, 그렇지 않아. 금성이 뜨거운 건, 구름을 뚫고 땅에 도달한 아주 적은 양의 햇빛이 금성 밖으로 빠져나가지 못해서야. 그 이유는 대기의 96퍼센트를 차지한 이산화탄소 때문이고. 금성의 대기는 지구의 대기보다 90배나 무거워. 800미터의 깊은 바닷속에 잠겨 있는 것처럼 공기가 무겁게 내리누르고 있는 거야.

금성에는 물의 흔적도 찾아보기 어려워. 생명체가 살아남기에는 정말 가혹한 환경이지. 아주 오래전엔 금성에도 물이 있었어. 한때는 깊이가 2000미터에 달하는 바다가 금성을 덮었지. 그런데 기온이 올라가면서 물이 증발돼 수증기가 되었고, 자외선을 받은 수증기가 수소와 산소로 분해되었어. 가벼운 수소는 대기 밖으로 날아가 버렸고. 금성에서 물이 사라진 이유야. 수증기는 열을 가두는 온실 효과를 일으키는데, 이 때문에 물이 증발할수록 대기 기온이 더 오르는 악순환이 반복돼. 그렇게 바다가 전부 말라 버렸고, 금성은 불타는 지옥으로 변했어. 생명이 도저히 살 수 없는 행성이 되어 버린 거지.

지구는 온도를 일정하게 유지하기 위해서 흡수한 태양 에너지의 일부를 우주로 돌려보내. 지구가 방출하는 태양 에너지는 대부분 적외선이야. 이산화탄소 같은 온실가스는 적외선을 다시 흡수해서 지구의 온도를 끌어올리지. 정리하자면, 지구 표면에 부딪힌 햇빛이 온실가스에 가로막혀서 대기권 밖으로 빠져나가지 못하고 지표로 반사돼 지구를 덥게 만드는 거야. 유리나 비닐하우스로 만든 온실과 비슷하게 작용한다는 점에서 이런 기능을 '온실 효과'라고 불러. 그리고 온실 효과를 불러일으키는 기체를 온실가스라고 부르지. 온실가스에는 이산화탄소, 메테인, 아산화질소, 과불화탄소, 수소불화탄소, 육불화황 등이 있어. 이산화탄소가 온실 효과와 관련해서 가장 중요한 기체야.

온실에 가 본 적 있니? 온실 내부는 겨울에도 정말 따뜻해. 유리나 비닐을 통해 들어온 햇볕이 온실 안을 따뜻하게 데우고, 그 온기를 유리나 비닐이 가둬 두기 때문이지. 온실가스는 온실의 유리나 비닐과 비슷한 역할을 한다고 보면 돼. 태양빛은 지구 대기를 통과해서 지표에 도달해. 지표는 태양 빛을 열로 바꾸고, 다시 공기 중으로 열을 방출하지. 온실가스는 이 열에너지를 흡수해. 덕분에 지구는 영상 15도 정도의 일정한 기온을 유지할 수 있어.

온실 효과는 생명체가 살 수 있는 적절한 기후 조건을 유지하는 데 꼭 필요해. 덕분에 지구의 평균 기온이 일정하게 유지돼 인간과 다른 생명체들이 안정되게 살 수 있는 거지. 만약 온실 효과가 없다면 지구의 평균 기온은 영하 18도로 떨어질 거야. 그러면 생태계 유지가 어렵고, 식물과 동물의 다양성도 보장할 수 없지. 대부분의 생명체가 살아남기 힘들 테니까. 눈과 빙하가 많은 지역이 늘어나서 바다의 수위는 낮아질 테고.

그런데 지금의 문제는, 온실가스가 빠르게 늘어나면서 온실 효과가 걷잡을 수 없이 커지고 있다는 점이야. 물건을 만들고, 전기를 생산하고, 자동차로 이동하고… 이렇게 인간 활동으로 온실가스가 많아지면 지구에 열을 너무 많이 가둬 두게 돼. 그러면 당연히 지구는 극단적으로 더워지고, 그 결과 빙하가 녹고, 해수면이 상승하고, 생물 다양성이 감소하지. 홍수, 가뭄, 태풍 등 예측할 수 없는 기상 현상도 자주 일어나고.

급증하는 온실가스

요즘 교과서에는 대기 중의 이산화탄소 비율이 0.04퍼센트, 그러니까 400피피엠(ppm)[2]으로 나와 있어. 산업혁명 이전엔 0.028퍼센트(280ppm)였던 대기 중의 이산화탄소가 현재는 0.04퍼센트로 늘어난 거야. 즉 0.012퍼센트 증가한 거지. 200년 만에 0.012퍼센트, 즉 120피피엠 이상 이산화탄소 농도가 상승한 건데, 이 수치는 작아 보여도 결과는 정말 끔찍해. 수십만 년 전의 기후 데이터를 확인해 보면, 300피피엠을 넘은 적이 없었어. 이처럼 짧은 기간에 이렇게 급격히 변한 적이 없었지.

과거의 대기 구성은 그린란드와 남극의 빙하를 뚫고 채취한 얼음 기둥으로 확인할 수 있어. 얼음 안에 과거의 공기가 갇혀 있어서 대략 80만 년에 걸친 대기의 기록을 읽을 수 있지. 그 결과치를 확인해 보면, 과거에 대기 중의 이산화탄소 양은 0.03퍼센트를 넘은 적이 없어. 산업혁명 전에 280피피엠이었던 이

---

2 피피엠(ppm)은 100만 분의 1(parts per million)이라는 의미야. 어떤 양이 전체의 100만 분의 몇을 차지하는지를 나타낼 때 사용돼. 이산화탄소 400피피엠은 공기 분자 100만 개당 이산화탄소 분자가 400개 있다는 뜻이야. 피피엠 값이 클수록 농도가 짙다는 의미지.

산화탄소의 농도가 현재 400피피엠을 넘어섰다는 건 지구를 둘러싼 담요가 시간이 갈수록 두꺼워졌다는 뜻이지.

20만 년 전에 호모 사피엔스가 지구에 등장했는데, 현재 온실가스의 농도는 호모 사피엔스가 등장한 이래 가장 높은 수치야. 대기 중의 이산화탄소 농도는 지난 200만 년 중에 가장 높지. 메테인과 아산화질소도 80만 년 중에 제일 높아. IPCC가 〈제1차 평가 보고서〉를 보충해 출간한 1992년의 부가 보고서를 보면, 대기 중의 이산화탄소 1피피엠은 78억 톤의 이산화탄소와 동일해. 2023년 12월 기준, 전 세계 이산화탄소의 농도는 422피피엠이야. 약 3조 2916억 톤이지.

자칫 기후 위기를 탄소 탓으로 돌릴 수 있지만, 정확히 말하면 인간 탓이야. 산업혁명 이후로 탄소를 무분별하게 배출한 인간의 잘못이라는 거지. 지구가 몇십억 년에 걸쳐 비축한 화석연료를 인간은 단 100여 년 만에 거의 바닥까지 사용했어. 현재 에너지 사용량은 실로 엄청나. 기후학자 제임스 한센은 "지구가 더워지는 추세가 히로시마에 떨어진 핵폭탄 40만 개를 매일 터뜨리는 것과 맞먹는다"라고 말했어. 이산화탄소가 증가하는 양도 문제지만, 증가 속도가 더 큰 문제야.

양의 되먹임

지구에서 햇빛을 가장 잘 반사하는 곳은 어디일까? 빙하 지대
야. 태양 에너지를 반사하는 비율을 반사율이라 부르는데, 얼음
의 반사율은 45~85퍼센트나 되지. 반면에 바다는 햇빛을 가장
적게 반사하는 곳이야. 바닷물은 태양열을 반사하는
대신 90퍼센트나 흡수해.

그런데 지구 온난화의 영향으로 빙하가 녹고 있어. 이것은 또 다시 지구 온난화를 부추기지. 빙하가 녹아 바다가 더 넓어지면 햇빛을 받아들이는 면적도 더 늘어나거든. 그만큼 지구는 더 더워질 테지. 빙하가 녹을수록 지구가 더욱 더워지는 거야.

IPCC의 〈제5차 평가 보고서〉에 따르면 지구의 평균 기온은 산업화 이전 대비 2003~2012년에 0.78도 올랐어. 그런데 최근 10년(2011~2020년) 사이엔 1.09도 올랐지. 2018년 이전엔 지구 기온이 1.5도 오르는 시점을 2030~2052년으로 예측했는데, 최근 보고서엔 현재~2040년으로 예측하고 있어. 이대로 속도가 붙으면 지금 당장 1.5도가 올라도 이상하지 않다는 거야.

아이슬란드의 바트나이외퀴들 빙하.　　　　(출처: 위키미디어 커먼즈)

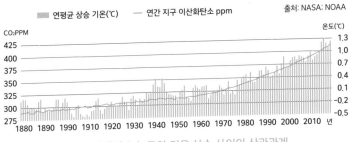

출처: NASA; NOAA

연평균 상승 기온(℃) ── 연간 지구 이산화탄소 ppm

CO₂PPM

425
400
375
350
325
300
275

온도(℃)

1.3
1.0
0.7
0.4
0.1
-0.2
-0.5

1880 1890 1990 1910 1920 1930 1940 1950 1960 1970 1980 1990 2000 2010 년

▶ 산업혁명 이후 이산화탄소 농도와 기온 상승 사이의 상관관계

지구의 기온은 우리가 배출한 이산화탄소만큼만 올라가는 게 아니야. 브레이크가 고장 난 기관차가 폭주하듯이 되먹임 하며 스스로 증폭해 인간이 배출한 온실가스 이상으로 기온을 올리지. 지구의 기온이 계속 상승해서 특정 온도(임계점)를 넘어서기 시작하면 돌이킬 수 없이 기온 상승이 가속화돼. 따라서 기온 상승은 초반엔 인간이 시작했겠지만 나중엔 자연 스스로 부추기지.

되먹임 고리(feedback loop)란 어떤 결과가 다시 원인에 작용함으로써 결과가 점점 증폭하거나 감소하는 현상을 말해. 되먹임 고리가 점점 커지는 것을 '양의 되먹임 고리'라고 하고, 점점 줄어드는 것을 '음의 되먹임 고리'라고 해. 기후 위기와 관련해서는 양의 되먹임(positive feedback)이 문제야. 하나의 현상이 다른 현상을 일으키고, 두 번째 현상이 다시 첫 번째 현상에 영향을 주면서 계속 커지는 거지. 예를 들자면, 더워서 에어컨을 틀면 실내 온도는 낮아지지만 실외기에서 뿜어져 나온 열기로 도시 전체는 더 더워져. 그럼 그럴수록 에어컨을 더 많이 틀게 돼. 주변보다 기온이 높은 도시 지역을 '열섬'이라고 부르는데, 도시의 열섬 현상도 양의 되먹임과 관련 있어.

대기가 따뜻해지면 바닷물의 온도도 올라가게 되어 있어. 배출된 이산화탄소 중 4분의 1은 바다가 흡수하고, 4분의 1은 식물이 흡수해. 그리고 나머지는 대기에 쌓이지. 그런데 바닷물의

온도가 올라가면 바닷물이 머금을 수 있는 이산화탄소의 양이 줄어들어. 바닷물의 온도가 오르면 식물성 플랑크톤이 이산화탄소를 흡수하는 능력이 떨어지거든. 그럼 어떻게 될까? 바닷물이 흡수하는 이산화탄소가 줄어들면, 대기 중의 이산화탄소는 늘어나지.

숲에서도 이러한 현상을 볼 수 있어. 기온이 올라가면 가뭄이 빈번하게 발생하거든. 건조한 날씨가 지속되면 산불이 발생하기 쉽지. 산불은 나무를 태우면서 나무가 자라며 가두었던 탄소를 대기 중으로 내보내. 그럼 온실 효과는 더 강력해지고, 결국엔 가뭄과 산불이 더 심해지지. 2002년부터 2016년 사이에 전 세계적으로 연평균 423만 제곱킬러미터, 그러니까 남한 면적의 42배의 숲이 불에 타 버렸어. 유엔환경계획(UNEP)이 공개한 산불 보고서에 따르면, 기후 변화와 토지 사용의 변화로 인해 2030년까지 극한 산불이 최대 14퍼센트, 2050년까지 30퍼센트, 21세기 말까지 50퍼센트 증가할 것으로 예상되고 있어. 앞으로 산불이 더 자주, 더 세게 발생할 거라는 뜻이야.

어쩌면 가장 심각한 '양의 되먹임'은 아직 일어나지 않았는지도 몰라. 영구 동토층의 문제를 말하는 거야. 얼어붙은 땅은 봄이 되면 다시 녹기 마련인데, 해가 바뀌어도 녹지 않는 땅을

'영구 동토(永久 凍土)'라고 해. '동토'는 얼어 있는 땅을 가리키지. 영구 동토는 2년 이상 땅의 온도가 0도 이하로 유지되는 곳을 말하는데, 남극과 북극에서 가까운 지역이 영구 동토야. 지구를 반으로 나눴을 때 위쪽을 북반구라고 하지? 북반구 땅의 25퍼센트가 영구 동토일 정도로 엄청나게 넓어. 러시아 영토의 60퍼센트, 캐나다 북부의 50퍼센트 정도가 영구 동토로 분류되거든.

그런데 현재 영구 동토층도 녹고 있어. 영구 동토가 녹으면 그 안에 있는 메테인 가스가 뿜어져 나와. 북극만 해도 1조 1000억 톤의 탄소가 묻혀 있지. 이는 현재 공기 중에 있는 탄소량의 2배에 이르는 양이야. 게다가 메테인은 이산화탄소보다 86배 더 높은 온실 효과를 만들어. 메테인이 같은 양의 이산화탄소보다 86배나 강력한 거야. 빙하가 녹았을 때와 마찬가지로, 지구 온난화로 인해 나타난 현상이 지구 온난화를 더욱 부추기는 상황이 되는 거야. 이 역시 '양의 되먹임'이지.

히말라야 빙하나 영구 동토층에는 오랜 기간 묻힌 동식물의 사체와 미생물이 있어. 기후과학자들은 영구 동토에 갇혀 있던, 아직 알려지지 않은 세균이나 바이러스가 세상 밖으로 나오면 신종 감염병이 퍼질 수 있다고 오래전부터 경고했어. 2016년 7

월, 러시아 시베리아의 야말반도에서 순록 약 2300마리가 탄저병으로 죽은 사건이 바로 그런 경우야. 탄저균이 순록을 먼저 감염시키고, 사람이 그 순록을 잡아먹으면서 연달아 감염됐어. 96명의 사람이 입원했고, 그중에 12세 소년은 사망했지. 야말반도에서 마지막 탄저병이 발병한 건 75년 전의 일인데, 영구동토에 묻혀 있던 탄저균이 땅이 녹으면서 흘러나온 결과야.

지금 이 순간에도 다양한 요인들이 서로 영향을 주고받으면서 되먹임 고리를 강화하고 있어. 앞에서 금성에도 한때 2000미터에 달하는 바다가 있었다고 말했지? 그 많은 바닷물을 모두 증발시키고 금성을 죽음의 행성으로 만든 원인이 바로 '양의 되먹임'이야.

미래에게 미래를 돌려주자

1년 예상 수입이 5000만 원인 사람이 1억 원을 지출하면 어떻게 되겠어? 나머지 5000만 원은 빚을 져야겠지. 한두 해는 어떻게든 버티며 생활할 수 있겠지만, 매년 5000만 원씩 빚을 내다가는 나중엔 재산을 모두 잃고 망할 거야. 그래서 개인이든 국가든 대략적인 수입과 지출을 생각해서 전체적인 계획을 짜야 돼. 이것을 '예산'이라고 해.

탄소 사용에도 그런 예산이 있어. 기후 위기를 피하려면 지구의 기온이 넘어서는 안 되는 한계선이 있잖아. 그 선을 지키기 위해서는 정해진 양 이상으로 탄소를 배출해선 안 돼. 탄소 배출은 전 세계에서 이뤄지고, 배출된 탄소는 지구 전체 대기에 영향을 끼치니까 '정해진 양'은 전 세계가 함께 지켜야 하는 배출량이야. 이를 '탄소 예산'이라 불러. 지구 온난화의 급변점에 이르기 전까지 우리에게 남아 있는 이산화탄소의 배출 허용량이 탄소 예산이야.

산업혁명 이래 인류가 배출한 이산화탄소의 총량은 2조 5000억 톤이야. 1990년에 약 1500기가톤[3]의 탄소 예산이 남아 있었어. 그런데 30년이 흐른 현재, 인류는 1500기가톤 중에서 3분의 2 이상을 써 버렸지. 전 지구의 평균 온도 상승을 1.5도 이내로 제한하기 위해서는 남은 잔여 배출 허용량이 별로 남지 않았어. 2022년 기준, 남은 탄소 예산은 약 247기가톤밖

---

3 | **기가톤**은 Gt이라고 표시해. 1기가톤은 10억 톤에 해당하는 양이야. 10억 톤은 1톤짜리 자동차 10억 대에 해당하는 무게지.

에 없는 상황이야. 인류가 현재와 같은 수준으로 매년 이산화탄소를 배출하면(2023년 배출량 37.4기가톤), 앞으로 10년 안에 탄소 예산을 모두 다 써 버리게 되지.

역사학자이자 《사피엔스》의 저자인 유발 하라리에 따르면, 석기 시대 인간 1명이 사용하는 에너지는 4000칼로리였어. 음식과 주거, 도구 등 하루 동안 사용하는 모든 에너지를 포함해서 말이야. 반면 현대인들은 22만 8000칼로리(미국인 1인 기준)를 사용해. 옛날보다 훨씬 풍요로운 생활을 하고 있지. 석기 시대에 60명이 사용할 에너지를 현대인 1명이 쓰고 있는 셈이야. 2차 세계대전 이후 화석연료 사용량은 10배 증가했어.

인구도 엄청나게 늘었지. 산업 국가들에서 아동 사망률(만 5세 이하 사망률)은 중세 시대엔 약 50퍼센트였는데 오늘날엔 1퍼센트 미만으로 떨어졌어. 중부 유럽의 1헥타르(1만 제곱미터) 농지에서 거두는 곡물은 14세기에 비해 10배나 증가했지. 폭력으로 사망할 확률도 14세기에 비해 50배 낮아졌어. 인류의 확산을 가로막는 환경적·사회적 장애물이 대폭 줄어든 거야. 그 결과 세계 인구는 급격히 증가했어. 기원전 1000년에 세계 인구는 고작 100만 명이었는데, 기원후 1000년에는 3억 명, 1500년경에는 5억 명, 1800년경엔 10억 명이 되었지. 1975년에 세계 인구는 40억 명이 됐어. 불과 175년 사이에 4배가 된 거야. 생물학자 에드워드 윌슨은 "20세기의 인구 증가 패턴은 영장류적이라기보다 세균적이었다"라고 말했어. 폭발적으로 증가한 현상을 빗댄 거지. 오늘날 세계 인구는 80억 명이야. 2050년에는 100억 명에 달할 것으로 전망하지.

생태 용량(biocapacity)이라는 개념이 있어. 지구가 인류에게 줄 수 있는 총량을 생태 용량이라고 하는데, 쉽게 말해 지구가 인류에게 줄 수 있는 자연 자원의 양이야. 생태 용량은 분명하게 정해져 있어. 그런데 우리 인간은 지구 자원이 무한한 것처럼 마구 써 대고 있지. 지구 자원은 '무한 리필'이 결코 아니야. 오늘날 인류가 자연에서 취하는 자원은 지구가 줄 수 있는 양을 훨씬 넘어서고 있는 건 아닌지 생각해 봐야 해.

혹시 '지구 생태 용량 초과의 날'을 들어 봤니? 천연자원에 대한 인류의 수요가 지구가 한 해 동안 재생산할 수 있는 양을 초과하는 날이야. 그러니까 이날은 한 해에 주어진 생태 자원을 모두 소진하는 시점인 거지. 물, 공기, 토양 등 자원에 대한 인류의 수요가 지구가 자원을 만드는 능력, 그리고 쓰레기를 처리하는 능력을 초과하는 시점으로 이해할 수도 있어. 이날 이후부터는 천연자원을 쓸 수 있는 한계보다 더 많이 사용하고

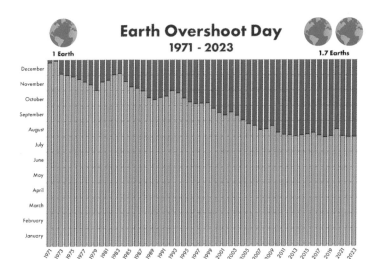

▶ 지구 생태 용량 초과의 날

있다고 보면 돼.

　그래프에서 초록색은 지구의 1년 생산량이 끝나는 시점을, 빨간색은 지구 생태 용량을 넘어서는 시점을 보여 주지. 1970년 이전에는 인류가 지구 자원을 모두 사용하지 못하고 남겼어. 오랫동안 인류는 지구가 줄 수 있는 것보다 더 적게 사용했던 거야. 1970년대 초반만 해도 지구 생태 용량 초과의 날은 12월이었는데, 현재는 8월 전후로 해마다 조금씩 앞당겨지고 있어. 2020년은 8월 22일로, 매년 조금씩 앞당겨지다 살짝 늦춰졌지. 코로나19로 경제 활동이 움츠러들고 자원 사용이 줄어든 결과가 반영됐어.

2023년에 지구 생태 용량 초과의 날은 8월 2일이었어. 1년 365일 동안 사용해야 할 자원을 214일 만에 모두 써 버렸다는 의미야. 8월 2일 이후부터 연말까지는 미래 세대가 써야 할 자원을 당겨쓴 셈이야. 이렇게 계속 날짜가 앞당겨지면 미래 세대에게 주어지는 자원은 더욱 빠르게 고갈될 수밖에 없어. 그래서 전 인류가 지금과 같은 삶을 지속한다면 지구가 1.75개가 더 필요하다는 이야기까지 나오는 거야. "지구는 우리의 요구를 위해서는 충분하지만 우리의 탐욕을 위해서는 충분하지 않다." 오래전에 간디가 한 말이야.

바다와 숲이 흡수할 수 있는 것보다 더 많은 탄소를 배출하고, 자연이 그해 길러낸 것보다 더 많이 수확하고 벌목하고 어획하며, 지구가 감당할 수 있는 양보다 더 많은 물을 사용해 오염시키고 있어. 이것은 곧 미래 세대에게 부담으로 남을 거야. 초과해서 쓰는 모든 것은 미래에서 끌어다 쓰는 거니까.

오늘 많이 누리는 만큼 내일 누릴 양은 줄어들 수밖에 없어. 즉 현세대의 풍요는 미래 세대에게 떠넘겨지는 빚이야. 현세대의 풍요는 곧 후세대의 빈곤이지. 지금 우리는 미래를 끌어다 쓰고 있어. 우리 마음대로 말이지. 우리는 약탈자와 다름없어.

미래의 미래를 약탈한 셈이야.

　지금처럼 생활하면 미래에겐 미래가 없어. 미래에게 미래를
지금 당장 돌려줘야 해.

3장

탄소 중립을 향해

아인슈타인

딱 두 가지만 무한하다.
우주,
그리고 인간의 어리석음.

환경 문제와 관련한 최초의 유엔 회의인 유엔인간환경회의는 1972년에 스웨덴 스톡홀름에서 열렸어. 벌써 50년 전이야. 범지구적인 환경 이슈가 처음으로 국제회의에서 다뤄진 거지. 이 회의는 기후 문제를 연구하는 전 세계 과학자들이 1979년 스위스에서 기후 변화와 관련한 최신 연구 동향을 놓고 논의하는 기후정상회의의 모태가 되었어. 회의에 참가한 기후과학자들은 온실가스를 감축해 기후 변화로 인한 피해를 완화해야 한다는 결론을 내렸지. 오래전에 이미 화석연료를 많이 쓴 탓에 지구의 온도가 오르고 있다는 사실을 명확히 인식했던 거야.

1989년 11월 8일 유엔총회에서 영국의 대처 총리가 "온실가스로 인해 지구가 뜨거워지고 있다"며 전 지구적인 대응을 촉구한 연설이 각성의 기폭제 역할을 했어. 1992년 6월에 유엔기후변화협약(UNFCCC)이 브라질 리우에서 체결됐지. 온실가스를 줄이려는 국제적인 논의가 시작된 거야. 그런데 이때만 해도 기후 변화에 대한 국제 사회의 기본 역할을 정의했을 뿐 구체적인 강제 사항은 없었어. 그러다 1995년에 첫 번째 유엔기후변화협약 당사국총회를 개최했지.

기후변화협약의 구체적인 이행 방안을 논의하기 위해 열린 제1차 당사국총회는 독일 베를린에서 열렸어. 전 세계 각국이 진지한 자세로 기후 변화에 대응하기 위한 실질적인 모임이었지. 우리나라는 세계에서 47번째로 1993년 12월에 가입했고, 현재는 197개국이 가입돼 있어. 유엔기후변화협약에 가입한 당사국들은 매년 당사국총회를 열어 협약의 이행 방법과 주요 내용을 논의하고 결정해.[4] 기후 변화 대응을 위한 각종 조치들, 가령 교토의정서(Kyoto Protocol)(제3차 당사국총회), 파리협정(Paris Agreement)(제21차 당사국총회) 등이 모두 유엔기후변화협약 당사국총회에서 채택된 것들이야.

1997년에 채택된 교토의정서는 온실가스 감축 목표를 선진국들에 하향식으로 할당함으로써 국가 간 갈등이 적지 않았어. 교토의정서가 선진국만에만 온실가스 감축 의무를 부과했거든. 2008~2012년 온실가스 배출량을 1990년 기준으로 감축하도록 하는 것이 핵심이었지. 가장 많은 온실가스를 배출하는 중국과 세 번째로 많은 온실가스를 배출하는 인도 등이 개발도

4 2020년 코로나19로 개최되지 못한 것을 빼고는 매해 열리고 있어. 유엔기후변화협약 당사국총회는 전 세계가 함께 모여 막대한 온실가스 배출량을 어떻게 줄일지를 논의하는 거의 유일한 국제 외교회의야.

195개국 서명

2°C 이내 상승

온실가스 감축

전 세계의 노력

자발적 감축 목표

자발적 책임 원칙

개발도상국 지원

5년마다 검증

상국이라는 이유로 온실가스 감축 의무가 없었어. 이에 불만을 품은 미국이 2001년에 탈퇴했지. 교토의정서는 감축 의무를 둘러싼 선진국과 개발도상국 간의 긴 논란 끝에 온실가스를 가장 많이 배출하는 미국마저 빠지면서 알맹이가 없다는 비판이 많았어.

그러다 2015년에 프랑스 파리에서 열린 당사국총회에서 마침내 국제사회의 기후 변화 대응이 선진국 위주에서 개발도상국도 동참하는 형태로 전환돼. 이 합의가 바로 2020년에 만료되는 기존의 교토의정서를 대체하는 파리협정이야. 즉 모든 당사국이 온실가스 감축에 참여하지.

파리협정은 더 많은 국가의 참여를 유도하고, 당사국 모두가 기후 변화에 대응하기 위해 상향식 방식을 채택했어. 당사국이 스스로의 상황을 고려해 자발적으로 목표를 정하는데, 이 목표를 '자발적 국가 결정 기여(Nationally Determined Contributions, NDC)'라고 불러. 쉽게 말하자면 자발적 국가 감축 목표인 거지. 파리협정에 따라 국제사회는 5년마다 당사국이 목표를 제대로 이행하고 있는지, 즉 감축 약속을 지키는지 점검하기로 했어. 또한 온실가스를 오래 배출한 선진국이 더 많은 책임을 지고, 2020년부터 선진국은 개발도상국의 기후 변화 대처 사업에 매년 최소 1000억 달러를 지원하기로 했지. 이로써 탄소를 줄이려는 노력에 역사적인 전환점이 마련됐어. 지구의 평균 기온 상승을 2도(가급적 1.5도) 이하로 제한하자는 공동의 목표와 온실가스 감축 및 기후 변화 적응을 위한 공동 노력에 합의하면서 그동안 소극적인 대응으로만 일관하던 국제 사회가 변화의 의지를 보여 줬지.

미국은 조 바이든 대통령의 취임 첫날 탈퇴했던 파리협정에 재가입했고, 기후 문제에 적극적인 대응을 천명했어. 잇달아 각국 정부가 탄소 중립을 선언했고, 2020년 하반기에는 중국(2060년 목표), 일본(2050년 목표), 한국(2050년 목표)이 탄소 중립 신인 대열에 합류했지.

파리협정으로 세계가 합의한 목표는 지구 평균 기온 2도 이내 상승, 더 노력해서 1.5도 이내 상승으로 제한하는 거였어. 2015년 채택된 파리협정에 담긴 1.5도 목표의 과학적 근거, 달성 가능성 등에 대해 IPCC가 살펴보도록 요청하면서 나온 보고서가 〈지구 온난화 1.5도〉 보고서야. 이 보고서에서 IPCC의 과학자들은 1.5도로 제한하지 않으면 지구는 회복 불가능한 상태에 돌입할지도 모른다고 발표했어. 지구 온난화를 염려하는 사람들 중엔 1.5도 상승까지는 아직 시간의 여유가 있다고 말하는 이들이 있긴 한데, 결코 그렇지 않아. 지금처럼 세계가 이산화탄소를 쏟아낸다면 곧 손쓸 수조차 없을지도 몰라.

　1995년 제1차 당사국총회에서 2023년 제28차 당사국총회까지 28년이 걸렸어. 그사이 전 세계 온실가스 배출은 계속 늘어났지. 이제 온실가스 순 배출을 제로로 만들어 탄소 중립을 달성해야 하는 2050년 목표 시점까지 30년도 채 남지 않았어. 우리가 머뭇거리는 사이에도 대멸종의 시계는 계속 흘러가고 있다는 사실을 기억해야 해.

IPCC 보고서

1988년에 유엔은 기후 변화를 연구하기 위해 IPCC(International Pannel on Climate Change)를 설립했어. 지구 온난화에 따른 기후 변화에 적극적으로 대처하기 위해 국제 사회가 유엔총회 결의에 따라 IPCC를 세운 거지. IPCC는 세계기상기구(WMO)와 유엔환경계획(UNEP)이 공동으로 세운 유엔 산하의 국제 협의체야. 기후 변화를 다루는 가장 권위 있는 과학자 모임이지.

IPCC가 하는 일은 매우 복잡하지만, 한마디로 정리하면 기후 변화와 관련된 과학 연구를 평가하고, 이를 바탕으로 기후 변화의 원인과 결과, 미래의 위험성, 적응 전략, 탄소 저감 방안 등에 대한 정보를 전 세계의 정책 결정자에게 전달하는 역할을 해. IPCC는 기후 변화의 심각성을 일깨우는 데 앞장섰다는 이유로 2007년엔 노벨 평화상을 수상했어. 우리나라는 제6대 IPCC 의장국으로서 제48차 총회를 인천 송도에서 개최했지.

IPCC의 주요 활동은 보고서를 출판하는 거야. 기후 변화의 영향을 분석하고 정책 대응에 관한 보고서지. 지구의 상태가 급변하고 있고, 그에 따라 기후과학도 빠르게 발전하고 있어서 기후 변화 보고서 역시 빠른 업데이트가 중요해. 그래서 IPCC 는 거의 6년에 한 번씩 기후 변화 보고서를 내놓고 있어. 우리가 접하는 공신력 있는 대부분의 기후 변화 정보는 IPCC 보고서에서 나온 정보라고 보면 돼. 지금까지 여섯 차례 IPCC 보고서가 나왔어.

그리고 2018년엔 IPCC가 〈지구 온난화 1.5도 특별 보고서〉를 발간했어. "2100년까지 지구 평균 기온 상승 폭을 1.5도 이내로 제한하기 위해서는 2050년경에는 탄소 중립을 달성해야 한다"는 것이 핵심 내용이야. 우리나라가 의장국을 맡았던 제

보고서	주요 내용
제1차(1990년)	"인간이 기후에 영향을 주는 것으로 보인다." 지난 100년간 지구 평균 기온이 0.3~0.6도 상승.
제2차(1995년)	"인간이 지구 온난화에 영향을 주고 있다." 온실가스가 현 추세대로 늘어나면 2100년 지구 평균 기온이 0.8~3.5도 상승할 것으로 전망.
제3차(2001년)	"최근 50년간 인간이 대부분의 지구 온난화를 초래했다." 지구 평균 기온이 향후 100년간 최고 5.8도 상승할 것으로 전망.
제4차(2007년)	"20세기 중반 이후 급격한 지구 온난화를 인류가 초래했음이 거의 확실하다." 지난 100년간(1906~2005) 지구 평균 기온이 0.74도 상승.
제5차(2013년)	"20세기 중반 이후 급격한 지구 온난화의 범인은 인간이다." 지난 100년간(1880~2012) 지구 평균 기온이 0.85도 상승.
제6차(2023년)	"인간이 산업혁명 이후 지구 온난화의 범인이다."

48차 IPCC 총회에 참석한 135개국들은 지구의 평균 기온 상승 폭을 산업화 대비 1.5도 이내로 막아야 한다는 특별 보고서를 만장일치로 채택했어.

이 특별 보고서는 매우 중요한 의미를 가져. 생태계 파괴를 막고 인류가 마주한 정치·사회적 위기를 피하기 위해서 1.5도 이하 목표를 제안하고, 목표를 이루기 위한 배출 경로와 과학적 근거를 제시했거든. 온도 상승을 1.5도로 묶어 두지 않으면 지구는 되돌릴 수 없는 상태에 빠지게 돼. 〈지구 온난화 1.5도 특별 보고서〉를 계기로 기후 위기 인식이 고조되면서 탄소 중립의 노력 또한 빨라졌어. 이 보고서가 탄소 중립의 전환점이 된 거야.

지구 평균 기온이 고작 1~2도 오르는 게 대수냐는 식으로 생각해선 안 된다고 앞서 말했지? 평균 기온이 1.1도 오른 현재도 이미 산업화 이전과 비교해 50년에 한 번 찾아올 극한 고온 현상이 4.8배나 늘었어. 그뿐만이 아니야. 10년에 한 번 찾아올 정도의 극심한 폭우와 가뭄도 각각 1.3배, 1.7배 증가했어. 매년 전 세계에서 극단적인 기후 현상이 나타나고 있는 거야.

탄소 중립이란?

탄소 중립(carbon neutrality)이란 탄소를 배출한 만큼 흡수하는 대책을 세워 실질적인 배출량을 0으로 만드는 거야. 인간 활동에 의한 온실가스 배출을 최대한 줄이고, 남은 온실가스는 산림 등을 이용해서 흡수하거나, 탄소 포집·활용·저장 기술(CCUS)로 제거해 탄소의 배출량과 탄소 흡수량을 같게 해서 탄소의 '순 배출'이 0이 되게 하는 거야.

우리가 배출량을 말할 때, 흔히 두 가지로 나누어 표현해. 하나는 '총 배출'이고, 다른 하나는 '순 배출'야. 총 배출은 우리가 뿜어낸 것들의 총합을 의미해. 순 배출은 우리가 배출한 총합에서 해양, 토양, 산림 등이 흡수해서 줄어든 양을 뺀 값이야. "2050년 탄소 중립을 달성한다"라고 말했을 때는 이산화탄소를 배출한 만큼 이산화탄소를 흡수하는 대책을 세워 이산화탄소의 실질적인 배출량을 '0'으로 만든다는 개념이지. 온실가스 전체가 아니라 이산화탄소 감축에 집중하기 때문에 '탄소' 중립이라고 부르는 거야.[5]

탄소 중립의 신호탄을 쏘아 올린 곳은 유럽연합(EU)이야. 2019년 12월에 우르줄라 폰 데어 라이엔이 새로운 유엔집행위원장이 되면서 '2050년 탄소 중립'을 선언했지. 참고로, 세계 최초로 탄소 중립을 최초로 선언한 나라는 스웨덴이야. 2017년에 '2045 탄소 중립'을 선언했지. 2020년 12월 기후목표

---

5   1997년에 채택된 교토의정서에서 규정한 이산화탄소(CO_2), 메테인(CH_4), 아산화질소(N_2O), 수소불화탄소(HFCs), 과불화탄소(PFCs), 육불화황(SF_6) 등 기후 변화를 초래하는 6대 온실가스 전체의 순 배출을 제로화 하는 활동은 기후 중립(Climate Neutral)이라고 해. 기후 중립은 넷제로(net-zero)라고도 하지.

정상회의, 2021년 1월 기후적응정상회의, 그리고 그해 4월 이어진 기후정상회의 등을 거치면서 59개국(58개국+유럽연합 27개국)이 2050년 탄소 중립을 위한 국가 온실가스 감축 목표를 제출했어. 이후 추가로 137개국이 탄소 중립을 약속했고.

지구 평균 기온 상승을 1.5도 이내로 제한하기 위해서는 이산화탄소 배출량을 얼마나 줄여야 할까? IPCC는 2030년까지 2010년 대비 최소 45퍼센트 이상을 줄여서 2050년경에는 탄소 중립을 달성해야 한다고 못 박고 있어.

물론 2050년까지 탄소 중립 목표를 달성한다고 해서 바로 지구 기온이 떨어지는 건 아니야. 왜냐하면 이미 대기 중에 누적된 온실가스가 영향을 미치기 때문이지. 그래서 만약 2050년까지 탄소 중립을 달성한다면 일시적으로는 지구 평균 기온이 1.5도를 넘어서겠지만, 궁극적으로는 2100년까지 지구의 온도 상승 폭을 1.5도 언저리에서 잡아 둘 수 있을 거로 봐.

1.5도 상승을 막으려면 전체 탄소 배출량을 매년 7.6퍼센트씩 줄여 나가야 해. 7.6퍼센트는 결코 적은 양이 아니야. 7.6퍼센트를 줄이는 일이 얼마나 어려운지는 코로나19로 전 세계가 고통을 당한 2020년에 조금이나마 경험했어. 전 세계의 공장이 문을 닫았잖아. 직장도 가기 어려워서 집에서 일하는 재택근무를 했지. 국경 문을 걸어 잠가 해외여행은 엄두도 못 냈고. 그런데도 당시에 이산화탄소 배출량이 몇 퍼센트밖에 줄지 않았어. 경제 활동이 그렇게 크게 움츠러들었는데도 말이야. 탄소 배출을 줄이기가 정말 어렵다는 거지. 만약 우리가 지금 당장 행동하지 않으면 온실가스는 매년 50기가톤 이상 나오게 될 거야. 그러면 결국엔 성난 기후가 인류를 집어삼킬 테지.

고고학자 고든 차일드의 《신석기혁명과 도시혁명》에 이런 내용이 나와. 빙하기 동안 매머드와 인간은 함께 살았어. 매머드는 진화를 통해 추위에 견딜 수 있는 길고 무성한 털을 길러냈고, 인간은 털옷을 지어 입으며 불을 피워 추위를 이겨냈지. 환경에 적응하고 살아남기 위해 매머드는 생물학적인 진화를, 인간은 문화적인 학습을 선택한 거야. 둘 다 성공적으로 빙하기를 극복했어.

빙하기가 끝나고 기후가 비교적 따뜻해지자 그들의 운명이 갈라졌지. 초식동물인 매머드는 난쟁이 버드나무와 이끼에 적응된 消化 기관을 급격한 시일에 바꿀 수 없었고, 더위에 취약한 털가죽도 벗어 버릴 수 없었어. 그래서 멸종했지. 하지만 인간은 매머드 고기 대신 다른 고기를 먹었고, 털옷을 간단히 벗어 버렸어. 학습 능력 덕분에 빠르게 적응한 거야.

생물학적인 진화는 더디지만, 문화적인 학습은 유연하고 빨라. 또한 학습은 빠른 실행을 가능하게 해. 지금은 인류가 어느 때보다 유연하고 빠른 학습과 실행에 나서야 할 때야. 당장 행동하지 않으면 영영 행동할 수 없을지도 몰라.

우리나라의 탄소 중립은?

탄소 중립은 탄소를 아예 배출하지 않는 게 아니야. 물론 지금보다 배출량을 크게 줄여야 하겠지만, 사람이 살아가면서 어쩔 수 없이 탄소를 배출하게 되는 부분이 있어. 가령 가축을 키울 때 가축들이 내뿜는 온실가스를 막을 순 없잖아? '순 배출 제로'의 의미도 탄소의 배출량을 줄이되, 어쩔 수 없이 배출한 탄소를 포집하거나 흡수해서 대기 중으로 내보내는 양을 0으로 만들겠다는 뜻이야.

탄소 중립을 달성하려면 공장과 차량 등에서 화석연료를 태우는 일을 최대한 줄여야 해. 또한 숲과 습지 등 탄소를 흡수할 수 있는 흡수원을 늘리고, 이산화탄소를 모아서 저장하는 기술[6]을 활용해 대기 중의 이산화탄소를 줄여야 하지.

우리나라는 2020년 12월에 탄소 중립을 달성하기 위한 '2050 장기 저탄소 발전 전략(LEDS) 및 2030 국가 온실가스 감축 목표(NDC)'를 확정해서 제출했어. 2030년 온실가스 감축

---

6 이산화탄소를 모아서 저장하는 기술은 발전소, 제철소 등에서 배출하는 이산화탄소를 직접 모아서 일정한 곳에 저장해 두는 기술이야.

목표는 기준 연도인 2017년 국가 온실가스 총배출량(709.1메가 톤) 대비 24.4퍼센트, 2018년(727.6메가 톤) 대비 26.3퍼센트를 감축하겠다는 안을 제시했지. 그런데 2050년 탄소 중립을 실현하기엔 부족하다는 평가가 지배적이었어. 국제기구들이 제시한 목표는 1990년 배출량과 비교해서 50퍼센트 내외로 감축하라는 건데, 우리는 기껏 2018년 대비 26.3퍼센트를 감축하겠다는 거니까. 그래서 국제 사회로부터 이를 더 높이라는 요구에 직면했지.

이윽고 문재인 정부 때인 2020년 10월에 '2050 탄소 중립'을 선언했어. 이듬해 5월 29일 2050 탄소중립위원회가 출범하고 2030년 감축 목표를 큰 폭으로 상향했지. 기준 연도를 배출이 정점에 다다른 2018년으로 바꿔서 2018년 대비 40퍼센트 감축으로 대폭 높였고. 이는 '2050 탄소 중립' 선언에 따른 후속 조치로서 탄소중립녹색성장기본법의 입법 취지(2030년 온실가스 배출량은 2018년 대비 35퍼센트 이상 감축), 국제 동향, 국내 여건 등을 고려해 감축 목표를 설정한 결과야.

유럽연합은 2030년까지 1990년과 비교해 온실가스 배출량을 55퍼센트 줄일 계획이지. 미국은 2005년 대비 50~52퍼센트 감축하는 목표를 세웠어. 목표치가 높은 나라는 영국과 독일이야. 1990년 대비 영국은 68퍼센트를, 독일은 65퍼센트를 감축 목표로 하지. 문제는 높은 목표치가 아니야. 목표를 달성하기 위해 얼마나 노력하느냐지. 2023년 제28차 유엔기후변화협약 당사국총회가 열리기 전에 사전 보고서가 공개됐어. 각국이 목표 달성을 위해 얼마나 노력했는지를 평가하는, 일종의 성적표였지. 파리협정 목표에 부합하는 결과를 내놓은 국가는 한 곳도 없었어. 사실상 모두가 낙제점을 받은 셈이야. 이대로라면, 가장 낙관적인 시나리오대로라도 기온 상승을 1.5도 이내로 억제할 가능성은 14퍼센트에 불과하다고 해.

표를 보면 우리나라가 앞으로 갈 길이 아주 멀다는 걸 한눈에 알 수 있어. 탄소 중립을 실현하려면 화력 발전처럼 많은 탄소를 발생하는 발전(發電) 방식을 줄이고 재생 에너지 비율을 늘려야 하거든. 그래야만 탄소 중립을 달성할 수 있는데, 현재 우리나라는 재생 에너지 발전 비율 계획 수치가 매우 낮아. 게다가 2020년 7.4퍼센트에서 10년 만에 21.6퍼센트, 30년 만에 70.8퍼센트를 목표로 하고 있어. 다른 나라들이 재생 에너지 발전 비율을 꾸준히 높여 가는 것과는 대조적이야. 단기간에 갑자기 늘리겠다는 계획인데, 그만큼 계획의 실현 가능성이 낮아 보이지.

	2020	**2030**	**2050**
EU	38%	42.5%	89%(예상치)
독일	46%	80%	100%
한국	7.4%	21.6%	70.8%

▶ 향후 재생 에너지 발전 비율 계획

코로나19가 본격화한 2020년에도 이산화탄소 배출량은 고작 20억 톤 줄었을 뿐이야(2019년 335억 톤, 2020년 315억 톤). 영국의 한 연구팀은 코로나19로 인한 온실가스 배출량 감소는 지구 평균 기온을 0.01도 낮췄을 뿐이라고 밝혔어. 2020년은 코로나19로 세계 경제가 급격히 위축된 시기잖아. 공장이 문을 닫고 상점이 영업을 멈췄는데도 고작 20억 톤밖에 못 줄인 거야. 온실가스 감축이 생각보다 쉽지 않다는 것을 알려 주지.

그동안 우리는 불편과 비용을 감당하고 싶지 않아서 계속 재생 에너지를 늘리는 일을 미루어 왔어. 지금도 미루는 중이야. 하지만 모두가 알다시피 공짜로 얻을 수 있는 건 아무것도 없어.

4장
탄소를 줄이기 위한 제도들

프레드릭 제임슨

자본주의의 종말을
상상하는 것보다는
세상의 종말을
상상하는 게 더 쉽다.

미국 남부 텍사스 지역은 겨울에도 보통 영상 10도를 유지해. 그런데 이례적으로 2021년엔 텍사스에 영하 20도 이상의 한파가 찾아왔어. 기후 변화의 영향으로 북극의 찬 공기가 미국 남부까지 내려온 결과였지. 도시는 온통 마비됐어. 수도관이 파열돼 마실 물을 구하기도 어려웠고, 정전으로 난방도 안 됐지. 당시 경제적인 피해액만 약 1조 원에 달했어.

기후 위기는 먼 미래의 일이 아니야. 지금 벌어지고 있는 현실이지. 태평양 섬나라 투발루는 해수면 상승으로 바닷물이 영토를 넓히면서 국가가 사라질 위기에 처해 있어. 기후 위기의 피해는 이처럼 점점 더 구체적이고 가시적으로 나타나고 있지. 피해를 돈으로 환산하면 상당한데, 미국과 영국 등에서는 기후 위기 피해 규모를 계산하기 시작했어. 바로 '탄소의 사회적 비용(SCC, Social Cost of Carbon)'이지. 사실 우리 존재 자체가 비용이야. 매 순간 탄소를 배출하면서 사회적 비용이 쌓이니까.

탄소의 사회적 비용은 1톤의 탄소(이산화탄소) 배출로 인해 사회가 1년 동안 부담해야 하는 경제적인 비용을 말해. 기후 위기로 인한 농업 생산성 감소, 재산 피해, 건강 피해 등을 포함해서 사회가 부담하는 손실이지. 활발하게 경제 활동을 하는 대신에 치러야 하는 값이라고 할 수 있어. 미국은 탄소 1톤당 51달러(약 7만 원), 영국은 탄소 1톤당 245파운드(약 38만 원), 독일은 탄소 1톤당 180~640유로(약 25~89만 원)야.

똑같은 탄소인데, 탄소 비용이 나라마다 차이가 크지? 그 이유는 나라마다 '기후 위기의 심각성'을 받아들이는 정도가 다르기 때문이야. 기후 위기로 인한 인명 손실, 미래 세대가 입게 될 피해 등에 대한 가중치가 나라마다 크게 다르거든. 예를 들어 미국의 경우 트럼프 정부 때는 1톤당 7달러였는데, 바이든 정부 때는 7배 넘게 오른 1톤당 51달러가 됐어. 파리협정을 탈퇴하는 등 기후 위기 대응에 부정적이었던 트럼프 행정부가 탄소 비용을 지나치게 낮게 잡은 거야.

탄소로 인한 사회적 손실 때문에 탄소에 실질적인 가격을 매기는 제도가 생겨났어. 바로, 탄소가격제(Carbon pricing)야. 탄소 감축과 탄소 중립 달성을 위한 강력하고도 효과적인 정책 수단으로서, 할당량 이상으로 탄소를 배출하면 비용을 지불해야 하는 거지. 탄소가격제에는 탄소세(CT), 탄소배출권거래제(ETS), 탄소국경조정제(CBAM, 이하 '탄소국경세') 등이 있어.

2021년 5월 기준, 전 세계에서 탄소세를 국가 차원에서 도입

한 나라는 27개국이야. 전 세계 온실가스 배출량 상위 10개국 중에서 현재 탄소세를 시행하고 있는 나라는 일본과 캐나다, 단 두 나라뿐이지. 미국은 하와이에만 도입한 상황이고. 배출권 거래제도를 도입한 국가는 9개국이야. 탄소국경세는 유럽연합,

▶ 주요국 탄소가격제 도입 현황(World Bank 자료)

지역	제도	도입 여부	특징
EU	배출권거래제	시행 중	• 2005년에 전 세계 최초 도입하여 4기 시행 중 • EU 기후 변화 정책의 중심점
	탄소국경세	검토 중	• 2023년 10월부터 시범 운영 중
미국	탄소세	부분 도입	• 하와이주에서만 시행 중
	배출권거래제	부분 도입	• 여러 지역에서 8개 배출권 거래제 시행 중
	탄소국경세	검토 중	• 도입 검토 중 • 미중 무역 분쟁에 또 다른 뇌관이 될지 주목
일본	탄소세	시행 중	• 지방 정부별로 탄소세 도입 중 (14~28달러)
	배출권거래제	부분 도입	• 일부 지역에서 시행 중 • 탄소 중립을 위해 전국 단위로 적용할 계획
캐나다	탄소세	시행 중	• 지방 정부별로 탄소세 도입 중 (14~28달러)
	배출권거래제	부분 도입	• 여러 지역에서 9개 배출권거래제 시행 중
중국	배출권거래제	완전	• 2011년부터 시범적으로 운영하다 2022년부터 전국 단위 배출권거래제 운영 중

미국 등이 추진하고 있어. 미국의 탄소국경세는 수입 관세인 반면에 유럽연합의 탄소국경세는 엄밀히 말하면 관세는 아니야.

탄소세와 탄소국경세

아프리카코끼리는 멸종 위기종이야. 1979년에 케냐엔 6만 5000마리가 있었고, 짐바브웨엔 3만 마리가 있었지. 케냐와 짐바브웨는 아프리카코끼리를 보호하기 위해 대조적인 방법을 취했어. 케냐 정부는 상아 거래를 금지시켰고, 짐바브웨 정부는 밀렵 단속에 힘쓰기보다 주민들에게 코끼리 소유권을 주고 관리하게 했지.

결과는 매우 흥미로웠어. 케냐 정부는 사냥과 상아 거래를 전면 금지했는데도 코끼리 수가 1989년에 1만 9000마리로 급감했어. 상아 거래가 금지되자 상아 가격이 폭등했고, 그 결과 상아를 노린 밀렵이 성행했거든. 금지의 역설이지. 반면 주민들에게 코끼리를 소유하게 한 짐바브웨는 상황이 완전히 달랐어. 짐바브웨의 코끼리 개체수는 1989년에 4만 3000마리로 오히려 늘었고, 2014년엔 30만 마리에 이르렀지. 이것이 시장 경제의 힘이야.

탄소가격제는 시장 경제의 원리를 이용한 방법이야. 탄소에 가격을 부여해 배출 주체들이 경제적인 이득에 따라 자율적으로 배출량을 감축할 수 있도록 유도하는 제도지. 탄소에 가격을 매겨 배출을 규제하는 대표적인 방식으로는 탄소에 세금을 매기는 형태인 탄소세와 탄소국경세, 그리고 탄소배출권거래제가 있어.

탄소세는 석유, 석탄 등 각종 화석 에너지 사용량에 따라 부과하는 세금을 말해. 탄소 배출량이 적고 재생 에너지 발전 비율이 높은 나라에서 주로 운용되고 있지. 탄소세를 전국 단위로 시행하는 국가는 27개국이고, 지역 단위로 실시하는 곳은 8군데(미국의 하와이, 스페인의 카탈루냐 등)야. 석탄, 석유, 천연가스 등에 차이를 두지 않고 탄소세를 매기는 나라도 있고, 석탄에 가장 무겁게, 이어 석유와 천연가스 순으로 부과하는 나라도 있지.

1990년에 이산화탄소 배출량이 전 세계 배출량의 0.3퍼센트에 불과한 핀란드가 세계에서 가장 먼저 탄소세를 도입했어. 핀란드를 시작으로 1991년엔 스웨덴과 노르웨이가, 1992년엔 덴마크가 도입했고, 이후 독일, 스위스, 아일랜드, 이탈리아 등이 탄소세를 도입했지. 2020년 기준으로 1톤당 탄소 세금은 스웨덴 137.2달러, 스위스 101.5달러, 핀란드 72.8달러야.

현재 전 세계 탄소 배출 가격은 1톤당 3달러로 낮은 편이지. 그래서 산업화 이전 수준보다 평균 기온이 1.5도 오르지 못하도록 탄소 가격을 대폭 올려야 한다는 목소리가 높아. 국제통화기금(IMF)은 기온 상승을 2도 이내로 제한하려면 전 세계 평균 탄소세가 1톤당 75달러는 돼야 한다고 제안했지. 현재 탄소 배출 가격이 3달러인 점을 생각하면 파격적인 금액이야. 앙헬 구리아 전 경제협력개발기구(OECD) 사무총장은 "탄소에 노골적인 가격을 매겨야 한다"라고 말했어.

화석연료 공급 업체에 탄소세를 부담지우면 전력 생산과 화석연료 제품에 영향을 미치게 되고, 나아가 제조 과정에서 전기와 화석연료를 이용해 만든 상품을 구입하는 일반 소비자에게도 영향을 주게 돼. 탄소세 부담이 전기 요금과 일반 상품의 가격에 연쇄적으로 영향을 미칠 테고, 결국엔 전기를 만들 때 탄소 배출이 적은 연료를 사용하게 하는 긍적적인 변화로 연결되겠지. 또한 에너지 사용이 줄어들고, 재생 에너지에 대한 투자와 개발이 촉진될 거야. 이러한 긍정적인 효과를 알면서도 아직 많은 국가가 이를 도입하지 못하는 이유는 뭘까? 탄소세를 부과할 경우, 지금 당장엔 기업과 소비자에게 큰 부담이 되기 때문이야.

앞으로 기업이 수출할 때도 탄소세를 내야 하는 걸 알고 있니? 유럽연합은 2023년부터 '탄소국경조정제도'를 도입했어. 탄소국경조정제도는 제품을 만들 때 배출한 탄소량을 따져서 탄소 가격을 매긴 후에 납부하도록 하는 제도야. 탄소 가격은 탄소배출권 가격과 제품의 탄소 배출 비용과의 차액으로 계산돼. 사실상 무역 관세로 볼 수 있어. 그래서 '탄소국경세'라고도 부르지. 앞으로 온실가스 배출량이 많은 국가에서 적은 국가로 상품이나 서비스를 수출할 때, 즉 탄소의 이동에 비용을 물리는 일이 흔해질 거야. 이렇게 되면 기업 입장에선 큰 부담이지. 탄소국경세를 적용하는 국가에 제품을 수출하려면 그 나라의 탄소 감축 속도에 발맞춰야 하거든. 수출로 먹고사는 우리나라 입장에서는 당장 발등에 불이 떨어진 셈이야.

현재 유럽연합과 미국, 영국 등이 주도적으로 탄소국경세를 밀고 나가는데, 유럽연합이 가장 적극적이지. 유럽연합은 2023년 4월에 탄소국경조정제도 법안을 통과시켰어. 2023년 10월부터 철강, 시멘트, 비료, 알루미늄, 전기, 수소 등 6개 품목에 시범적으로 탄소국경조정제를 적용하는 법안이었지. 그에 따라 유럽연합에 관련 제품을 수출하는 기업은 탄소 배출량을 의무적으로 보고해야 해. 이렇게 취합한 정보를 바탕으로 유럽연합 집행위원회는 탄소국경조정제 부과 대상과 부과 방식 등을 구체화할 것으로 보여. 앞으로 탄소 배출이 많은 국가가 유럽연합에 제품을 수출하려면 지금보다 더 많은 비용을 치러야 해.

탄소국경세 도입에는 자국 기업을 보호하려는 측면도 있어. 탄소 배출과 관련한 규제가 깐깐해지면서 유럽연합에 속하는 기업들은 뼈를 깎는 노력을 하고 있거든. 그런데 유럽 바깥에 있다는 이유로 아무런 제한을 받지 않는다면 유럽연합 내의 기업들만 피해를 보겠지? 그러니까 유럽연합 안에 공장을 둔 기업들이 탄소를 줄이기 위해 노력하는 만큼, 유럽연합에 제품을 수출하는 외국 기업들도 마찬가지로 탄소를 줄이는 노력을 하라는 거지. 그렇게 못하겠으면 비용을 부담하라는 거고.

덧붙여 다른 이유도 있어. 유럽연합에서만 강력한 탄소가격제를 시행하면 기업들이 유럽 밖으로 공장을 옮길 수 있잖아. 탄소 배출이 규제가 약한 국가로 말이야. 이렇게 되면 유럽연합의 탄소 배출은 줄어드는 것처럼 보이겠지만, 전 지구적으로는 그대로이거나 심지어 더 늘어날 수도 있어. 이 역시 탄소국경조정제를 도입하는 중요 근거 중 하나야.

탄소배출권거래제

탄소배출권거래제(ETS)란 국가나 기업별로 탄소 배출 허용량을 정해 놓고, 배출권 여유분과 부족분을 사고팔 수 있도록 한 제도야. 탄소 배출 시장을 활용하여 국가나 기업들의 효율적인 배출 행위를 유도하는 거지. 탄소배출권거래제는 1997년 일본 교토에서 맺은 교토의정서에 뿌리를 두고 있어. 그때 각국이 얼마나 온실가스를 줄일지를 정하고 실제로 실천할 여러 방법이 제안됐어. 탄소배출권거래제도 그때 나온 거야.

탄소배출권거래제를 이해하기 위해 쓰레기종량제와 비교해 볼게. 쓰레기종량제가 없었을 때는 쓰레기를 마구 버렸어. 쓰레기종량제가 생기면서부터 규격화된 쓰레기봉투를 구입해 버리게 되었지. 쓰레기봉투 값을 직접 부담하게 되니까 쓰레기의 양이 상당히 많이 줄어들었어(쓰레기봉투를 팔고 남은 수익은 쓰레기 처리 비용으로 사용해). 탄소배출권거래제는 쓰레기종량제와 매우 비슷한 제도야. 전 세계의 국가가 탄소배출권을 사서 구매한 양만큼 탄소를 배출해야 하고, 만약 추가로 더 배출하고 싶을 땐 배출권을 사야 하니까 당연히 탄소 배출량이 줄어들어. 기업들은 탄소를 많이 배출할수록 생산 비용이 비싸지니까 탄소 배출을 줄이기 위해 방법을 찾아내겠지. 탄소배출권이 종량제 쓰레기봉투와 같은 역할을 하는 거야.

정부는 탄소배출권거래제에 따라서 경제 주체들에게 배출 가능한 양을 정해 주는데, 이것을 '배출 허용 총량(CAP)'이라 불러. 배출 허용 총량은 시간이 지남에 따라 감소하도록 설정해야 돼. 그래야만 국가 전체적으로 탄소 배출량을 줄일 수 있을 테니까.

배출 허용량보다 적게 탄소를 배출하는 기업은 다른 기업에 탄소배출권을 팔 수 있고, 반대로 허용량보다 많이 배출하는 기업은 탄소배출권을 사서 해결할 수 있어. 온실가스 배출을 줄이기 위한 사빌적 행동을 이끌어 내지. 배출권이라는 재산권을 기업이 보유한다는 점이 탄소세와 다른 점이야. 탄소세와 달리 배출권 거래를 통해 이익을 남길 수 있어.

세계은행이 2020년에 발표한 〈2020 탄소가격제 현황 보고서〉를 살펴보면, 세계적으로 탄소배출권 거래 국가는 31곳이야. 탄소배출권거래제와 탄소세를 통해 전 세계 탄소 배출량의 약 21.5퍼센트인 120억 톤 규모가 관리되고 있어. 특히 유럽과 미국 시장에서 탄소배출권이 활발히 거래되고 있지. 2020년 기준으로 거래 규모는 유럽이 80억 9600만 톤에 달하고, 미국은 20억 1000만 톤이야. 유럽이 전체의 88퍼센트를, 미국이 12퍼센트를 차지하지. 유럽이 가장 큰 거래 시장이야. 2017년엔 233억 유로 수준이었는데 2020년엔 1816억 유로로 커졌어. 2017년 대비 8배나 커진 거야. 한국은 4400만 톤으로 아직 시장의 크기가 작아.

탄소배출권의 가격은 계속 오르고 있어. 2020년 말 기준으로, 이산화탄소 1톤당 22달러야. 물론 지역마다 차이가 커. 세계 최대 탄소 거래 시장인 유럽연합(EU)은 50달러 수준인 반면에 미국 캘리포니아는 18달러 수준이지. 유엔에서는 2030년까지 1톤당 50~100달러는 돼야 한다고 보고 있어.

그런데, 탄소를 사고팔게 하면 모든 게 해결될까? 아니, 그렇지 않아. 문제는, 나라별로 매겨지는 탄소의 가격이 제각각이라는 점이야. 50달러인 유럽연합과 비교해 다른 나라들은 여전히 낮은 수준이거든. 스위스는 46달러, 캐나다는 32달러, 독일은 29달러, 뉴질랜드는 26달러에 거래되는 반면에 중국 상하이는 6달러, 일본 도쿄는 5달러, 중국 베이징은 4달러에 그치지. 우리나라에선 16달러에 사고팔 수 있어.

이렇게 탄소 가격이 국가별로 다르면 어떤 일이 벌어질까? 배출 허용량이 턱없이 부족한 기업들은 탄소 가격이 저렴한 나라로 공장을 옮길 가능성이 있어. 전문가들도 국가별 탄소 가격이 일정하지 않은 점을 우려하지. 탄소 가격이 지나치게 낮으면 탄소 배출을 줄이는 효과가 떨어지거든. 돈으로 해결할 수 있는데 누가 탄소 배출을 줄이려고 노력하겠어?

쓰레기종량제와 비교해 좀 더 설명하자면, 쓰레기봉투를 자기 돈으로 사야 하니까 쓰레기 배출량을 줄이려고 노력하는 거잖아. 그런데 만약 쓰레기봉투 값이 너무 싸다면 어떻게 될까? 아마도 아무런 부담 없이 쓰레기를 마구 버릴 거야. 탄소배출권 거래제도 이와 다르지 않아. 배출권 가격이 너무 싸면 기업들은 배출권을 사는 데 아무런 부담을 느끼지 않을 거고, 탄소를 줄이려는 노력도 덜하겠지.

RE100이란? - 재생 에너지를 100퍼센트로!

RE100이란 '재생 에너지(Renewable Electricity) 100퍼센트'의 줄임말로, 기업이 사용하는 전력의 100퍼센트를 재생 에너지로 충당하겠다는 국제 캠페인이야.

RE100은 탄소 정보 공개 프로젝트(CDP, Carbon Disclosure Project)와 파트너십을 맺은 다국적 비영리 기구인 더 클라이밋 그룹(The Climate Group)의 주도로 2014년에 시작되었어. RE100 캠페인의 주된 목적은 명확해. 인류가 맞닥뜨린 가장 심각한 글로벌 위기인 기후 변화를 막는 거지. 이를 위해서 기업 활동에 꼭 필요한 전기를 온실가스 배출이 적은 재생 에너지로 충당하겠다는 거야. 생산 활동에 필요한 전력의 100퍼센트를 태양광과 풍력 등 재생 에너지로 생산한 전기로 충당한다면 온실가스 감축에 상당한 도움이 될 테니까.

기후 위기로 인해 재생 에너지 전환은 시대적인 과제가 됐어. 재생 에너지 전환에 발 빠르게 대처한 선진국들은 이미 상당 부분 재생 에너지 전환을 이루었지. 2021년 상반기 선진국 모임인 OECD 국가의 재생 에너지 발전 비중은 평균 33퍼센트였어. 덴마크는 77퍼센트, 캐나다는 71퍼센트, 독일은 43퍼센트, 프랑

스는 25퍼센트, 일본은 22퍼센트를 기록했지. 2019년에 미국은 130년 만에 처음으로 연간 재생 에너지 발전량이 석탄 발전량을 추월하기도 했어.

RE100 사례처럼 앞으로는 온실가스 감축에 소극적인 기업은 글로벌 수출 경쟁에서 살아남기 힘들 거야. 전 세계의 많은 소비자가 온실가스를 대량으로 뿜어내는 기업에게 사회적 책임을 묻기 시작했거든. 글로벌 투자 기관들도 재생 에너지 확대를 비롯한 '기업의 기후 위기 대응 성적'을 중요한 투자 요소로 고려하고 있어. 상황이 이렇다 보니 전 세계적으로 RE100에 가입하는 기업들이 늘고 있지. 2024년 2월 말 기준, RE100에 가입한 구글, 이케아, 나이키 등 글로벌 기업의 숫자는 428개나 돼. 애플과 구글은 이미 '재생 에너지 100퍼센트'를 달성했어. 시간이 흐를수록 RE100에 가입하는 기업의 수가 빠르게 증가할 것으로 예측되지.

RE100 회원사 중의 일부는 자신들의 협력 업체에도 재생 에너지 사용을 요구하고 있어. 대표적인 회사가 애플이야. 애플은 2018년 4월 애플의 사무실, 소매점, 데이터 센터 등 기업 활동의 모든 부분에 소비되는 전력을 재생 에너지 100퍼센트로 충당하겠다고 선언했어. 또한 2020년 7월엔 애플 제품의 부품 조

달부터 서비스 제공까지, 전 사업 활동에서 2030년까지 온실가스 순 배출을 0으로 만드는 탄소 중립을 달성하겠다고 발표했지. 애플의 사업 파트너가 되려면 재생 에너지를 반드시 사용해야 돼.[7]

재생 에너지의 중요성은 앞으로 더욱 커질 거야. 수출 의존도가 높은 우리나라도 예외일 수 없지. 이전 사례를 살펴보면 BMW가 LG화학에 부품을 받는 조건으로 RE100을 요구하면서 계약이 깨졌던 적이 있고, 2차 전지를 만드는 삼성SDI는 국내 생산 물량을 재생 에너지 100퍼센트 사용이 가능한 해외 공장으로 옮겼어. 최근엔 우리나라 기업들도 RE100에 가입하기 시작했지. 이제 RE100은 기후 위기 대응을 넘어 국내 주요 기업의 수출 경쟁력을 좌우하는 요소가 되었어. 수출 비중이 매우 높은 한국 경제에서 재생 에너지로의 전환은 선택이 아니라 필수야.

---

7 2021년 기준, 애플의 부품 공급사 리스트에 이름을 올린 한국 회사는 공급 지역 기준으로 23곳이야. 삼성전자와 LG디스플레이를 비롯한 국내 대표 전자 기업이 포함돼 있어. 재생 에너지 사용을 요구하는 움직임은 다른 기업으로도 확대될 거야.

5장

어떻게
탄소를 줄일까?

마하트마 간디

세상에서 보고 싶은
변화가 있다면
스스로 그 변화가 되어야 한다.

탄소 중립으로 가는 길은 두 가지야. 탄소 배출 자체를 줄이는 방법, 또는 이미 배출한 탄소를 없애는 방법이지. 앞으로 다루게 될 재생 에너지, 그린 수소, 에너지 효율성 제고, 소비 줄이기 등은 탄소 배출 자체를 줄이는 방법이야. 숲의 보존과 확대, 탄소 포집·활용·저장 기술(CCUS) 등은 이미 배출한 탄소를 없애는 방법이고.

2019년에 153개국의 과학자 1만 1000명이 '기후 변화 대처를 위한 비상 선언'을 발표했어. 과학자들은 지구를 지키기 위해 즉각적인 행동을 취하지 않으면 기후 위기가 인류에게 크나큰 고통을 줄 거라고 경고했지. "이제 더는 허비할 시간이 없다"라고 덧붙였고. 이들은 기후 변화의 영향을 누그러뜨리기 위한 방법으로 화석연료를 재생 에너지로 대체하기, 메테인 등 오염 물질의 감축, 생태계 복원·보호, 육식보다 채식 위주의 식사, 탄소 배출 없는 경제로의 전환, 인구 억제 등의 방법을 제시했어.

IPCC 〈제6차 평가 보고서〉에 따르면, 2020년 전 세계적으로 전력 생산과 난방 등 에너지 분야에서 배출한 온실가스가 전체 배출량의 23퍼센트를 차지했어. 전력 생산에서 온실가스

배출을 획기적으로 줄여야 하는 이유지. 그러려면 화력 발전 의존도를 낮추고 재생 에너지를 확대해야 해.

우리나라 에너지원별 발전량은 2023년 기준으로 석탄 31.4 퍼센트, 원자력 30.7퍼센트, 가스 26.8퍼센트, 재생 에너지 9.6 퍼센트야. 전력의 57퍼센트 이상을 화석연료로부터 얻고 있는 셈이지. 반면에 재생 에너지의 비중은 매우 낮아. 탄소 중립을 위해서는 지금보다 크게 늘려야 해.

재생 에너지 비중이 낮은 이유는 가격 때문이야. 2019년 기준으로 전기를 만드는 비용은 킬로와트시(kWh)당 원자력 58원[8], 석탄 86원, 가스 118원, 신재생 99원 정도야. 이 자료만 보면 재생 에너지가 저렴해 보일 거야. 그런데 이것은 정부 보조금이 적용된 액수야. 보조금을 빼고 계산하면 원자력은 59.39원, 신재생 에너지는 167.22원이야. 당연히 기업들은 가격이 더 저렴한 에너지를 찾겠지. 하지만 기후 변화를 걱정한다면 앞으로는 달라져야 해. 경제성만 고려한 경제 급전에서 환경 비용까

---

8   사실 원자력 단가에는 여러 비용이 빠져 있어. 사용 후 핵연료를 포함한 핵폐기물 처리 비용, 다 쓴 원자로를 해체하는 폐로 비용(원전 1기당 1조 원 안팎), 원전 사고 발생 시 들어갈 천문학적인 복구·배상 비용 등이 쏙 빠져 있지. 이런 비용을 다 고려하면 원전은 결코 싼 에너지가 아니야.

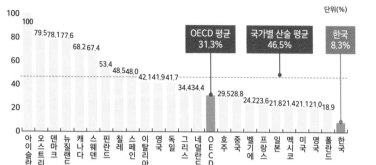

▶ 2021년 주요 국가별 발전량 중 재생 에너지 점유율

지 고려한 환경 급전[9]으로 바꿔야 탄소 배출을 줄일 수 있어.

물론 재생 에너지 관련 원가가 점점 떨어지고 있는 건 사실이야. 태양광 패널 1장의 와트당 생산 가격이 1970년대엔 100달러였는데 오늘날엔 50센트 아래로 떨어졌거든. 원가를 200배 절감한 거지. 반면에 석유는 1970년대 배럴당 약 3달러였는데, 현재는 60달러 수준이야. 원가가 20배나 오른 셈이지.

> **9** 급전(給電)이란 '전기를 공급한다'는 뜻이야. 지금까지는 '경제 급전'이 중요했어. 가장 싼 에너지원을 이용하면 기업과 가정에서 전기를 저렴하게 이용할 수 있으니까. 그런데 경제 급전은 환경 부담이라는 문제를 안고 있어. 그래서 등장한 게 '환경 급전'이야. 비록 전기를 만드는 비용이 더 들더라도 환경에 미치는 부정적인 영향이 적은 에너지원부터 쓰겠다는 원칙을 내세우는 거지.

재생 에너지는 날씨의 영향을 많이 받는다는 결정적인 한계를 가지고 있어. 태양광, 풍력은 햇볕이 강하게 내리쬐거나 바람이 잘 불 때만 전기를 만들 수 있잖아. 필요할 때 필요한 만큼 전기를 만들지 못하고, 기상 조건이 충족될 때만 전기를 만들어 내지. 날씨와 계절에 따라 전력 공급이 오르락내리락할 수 있기 때문에 모든 필요한 전력을 재생 에너지에만 의존하기도 어려운 게 사실이야.

그 예로, 2021년에 유럽에선 북해 바람이 잦아들자 에너지 안보가 흔들렸어. 영국 북해 일대는 거센 바람으로 유명한데, 풍속이 초속 11미터 이상으로 풍력 발전에 최적인 곳이지. 그런데 유럽 곳곳에서 기상 이변으로 바람이 잦아든 탓에 전체 발전량의 13퍼센트를 차지하던 풍력 비중이 5퍼센트로 뚝 떨어졌어. 당시 코로나19가 점차 잠잠해지고 경제가 회복되자 에너지 수요가 크게 늘어났는데, 그 와중에 풍력 발전량의 감소와 송전망 접속 문제 등이 겹치면서 '에너지 대란'이 벌어졌지. 스페인은 '태양과 정열의 나라'답게 뜨거운 햇볕과 풍부한 바람 덕분에 태양광과 풍력 발전이 발전한 나라야. 재생 에너지 발전에 천혜의 조건을 갖춘 스페인도 당시에 에너지 대란을 비껴가지 못했어. 유례없는 전력난으로 1년 사이에 전기 요금이 5배나 뛰었지.

탄소에서 수소로

계절과 날씨에 따른 재생 에너지의 변동성은 여러 가지 문제를 일으켜. 또한 발전량이 그때그때 달라서 변동성을 예측하기 어렵다는 점 역시 재생 에너지의 한계로 꼽히지. 재생 에너지는 발전량이 적을 때도 문제지만, 발전량이 많을 때도 문제야. 발전소에서 만든 전력은 일정한 출력을 유지하는 게 중요하거든. 전력이 부족해도 정전이 발생하지만, 너무 많이 공급돼도 과부하가 일어나서 정전이 발생해. 이러한 한계 때문에 최근엔 수소 에너지가 주목받고 있어.

요즘 도로 위를 달리는 자동차는 크게 두 종류야. 이산화탄소를 내뿜는 자동차와 그렇지 않은 자동차지. 얼마 전만 해도 대부분의 자동차는 석유를 먹고 달렸어. 그런데 전기차나 수소차는 석유가 아닌 다른 연료를 써. 전기차는 전기를, 수소차는 수소를 연료로 사용하지. 아마도 미래에는 온실가스를 내뿜는 내연기관 자동차는 사라지게 될 거야.

화석연료보다 이산화탄소를 적게 배출하는 에너지원은 핵 발전, 재생 에너지, 수소 에너지 정도가 있어. 핵 발전은 안전과 비용, 핵폐기물 처리 때문에 고민이지. 결국 재생 에너지와 수소 에너지가 남아. 재생 에너지는 태양광, 풍력 등 자연에서 에너지를 얻고, 오염 물질과 이산화탄소를 거의 내놓지 않는 에너지야. 그렇다면 깨끗하고 무한한 재생 에너지가 있는데, 왜 굳이 수소 에너지가 고려된 걸까? 앞에서 지적한 대로 재생 에너지의 변동성(기상 조건에 따른 발전량 변동), 지역 편차 때문이야.

지금까지는 태양광이나 풍력 등으로 필요한 양보다 전력이 더 많이 생산될 것 같으면 발전기를 멈춰야 했어. 생산이 가능한 전력의 많은 부분을 생산하지 못한 채 버려야 했지. 그 때문에 재생 에너지로 전기를 만드는 비용이 높게 책정됐어. 재생 에너지로 생산한 전기가 남아돌 때 어떻게 활용할 것인가는 정말 중요한 문제야. 이것을 해결하기 위해 최근엔 여러 방법이 시도되고 있어. 가령, 남아도는 전기를 배터리에 모아 두었다가 나중에 전기가 부족할 때 사용할 수 있지. 물을 모아 가두었다가 필요할 때 쓰는 저수지와 비슷해. 재생 에너지로 만든 전력을 담아 두는 배터리를 ESS(Electric Storage System, 에너지 저장 시스템)라고 부르는데, 충전해서 반복 사용할 수 있는 2차 전지가 대표적이야. 요즘은 전기차가 늘어나면서 전기차에 쓰이는 2차 전지가 크게 주목받고 있지.

그런데 배터리엔 한계가 있어. 화석연료는 선박(유조선, 가스 운반선 등)에 실어 바다 건너로 수출할 수 있지만 배터리에 저장된 전기는 이동이 어렵거든. ESS 자체를 옮기는 건 어려운 일이 아니야. 문제는, 소형 ESS로는 차량 한 대 정도만 움직일 수 있다는 거야. 공장과 가정, 사무실 등에 많은 전기를 공급하기엔 소형 ESS로는 턱없이 부족해. 이러한 한계 때문에 수소가 주목받고 있어.

순수한 수소를 얻으려면 수소와 다른 원소가 합쳐진 수소 화합물에 에너지를 가해 수소를 떼어 내는 과정이 필요한데, 재생 에너지로 생산한 남은 전기를 이 작업에 사용할 수 있어. 남아도는 전기를 활용해 물을 분해해서 수소를 만드는 거야. 이렇게 재생 에너지로 만든 수소를 그린 수소라고 불러. 물을 화학식으로 표현하면 H_2O야. 물에 전기를 가해서 H(수소)와 O(산소)로 나눌 수 있는데, 이를 전기 분해라고 해. P2G(Power to Gas) 시스템은 에너지 저장 기술 중의 하나로, 재생 에너지로 생산된 남아도는 전력(Power)을 수소(Gas)로 바꿔서(to) 저장해 안정적으로 전기를 공급하는 기술이지. 지역과 자연환경 조건에 따라 전기 생산량이 달라지는 재생 에너지의 단점을 보완할 수 있는 게 수소 에너지의 장점이야.

또한 석유나 천연가스 등은 묻힌 곳이 따로 있는 반면에, 수소 에너지는 지역적으로 치우침이 없는 에너지원이야. 기술적인 어려움은 좀 있지만, 어디서든 자유롭게 이용할 수 있어. 게다가 수소는 화석연료와 달리 자원 고갈을 걱정하지 않아도 돼. 수소는 우주 질량의 75퍼센트를 차지할 정도로 풍부하게 존재하는 원소거든. 지구 표면의 70퍼센트를 덮고 있는 물에도 수소가 들어 있지. 물론 일반적으로 수소는 화합물 상태로 존재하기 때문에 순수 수소를 얻기 위해서는 에너지가 필요해. 앞서 설명한 전기 분해처럼 말이야. 그래서 수소는 에너지라기보다 에너지 운반체로 보기도 해. 화합물에서 수소를 떼어 낼 때 투입한 에너지를 다시 불러내는 거니까.

수소는 산소와 화학 반응해서 열과 전기를 만들어. 열과 전기를 만들어 낼 때 공해 물질을 내뿜지 않는 무공해 에너지원이지. 나오는 건 오직 물밖에 없어. 수소가 미래 청정에너지로 주목받는 이유야. 수소 에너지는 액체나 기체로 저장할 수 있고, 옮기기 쉽다는 이점도 있지.

인류는 지금까지 탄소 경제 속에서 살아왔어. 화석연료를 태워 거기에서 얻은 에너지로 기계를 돌렸고, 자동차를 굴렸지. 탄소 경제가 인류에게 풍요를 가져다준 것은 사실이야. 그러나 풍요의 대가로 엄청난 양의 오염 물질과 이산화탄소가 대기로 쏟아졌어. 지금 우리는 그 대가를 톡톡히 치르고 있지. 그래서 온실가스를 덜 배출하는 에너지원을 기반으로 하는 저탄소 경제로 옮겨 가기 위해 노력을 기울이는 중이야. 탄소 경제를 수소 경제로 바꾸는 거지. 석유나 석탄 같은 화석연료를 대체할 에너지원으로 수소를 개발해 생산, 저장, 운송, 이용 등과 관련된 산업을 키우고 있어. 태양광, 풍력 등 재생 에너지와 수소 에너지를 결합한다면 탄소와 오염 물질이 거의 발생하지 않는 에너지원을 가질 수 있을 거야.

에너지 효율화

전 세계의 온실가스 배출량은 인구수 × 1인당 소득 × 에너지 비효율성 × 탄소 발자국[10]으로 결정돼. 인구가 많으면 그만큼 온실가스를 많이 배출하지. 소득이 높을수록 소비도 늘어나니까 많이 배출하고, 에너지 비효율성과 탄소 발자국이 증가할수록 더 배출돼. 여기서 인구수와 1인당 소득은 줄이기 힘들어. 어떤 나라도 기후를 위해 인구와 소득을 줄이려고 하지 않을 테니까. 결국 탄소 배출을 줄이려면 에너지 효율성을 높이고 탄소 발자국을 줄이는 노력이 필요해. 앞서 살펴본 에너지 전환(재생 에너지, 그린 수소 등)은 탄소 발자국을 줄이는 일환으로 이해할 수 있어.

탄소 발자국을 줄이는 노력과 함께 에너지 효율성을 끌어올리는 것도 중요해. 미국의 경우 에너지 사용량의 3분의 2가 낭비의 결과이지. 영국의 경우에도 탄소 배출량의 절반이 비효율적인 건설 방식이나 사용되지 않고 버려지는 음식, 전기, 옷 등으로 인해 발생해. 에너지 효율성을 위해 건물에서 낭비되는 에너지를 줄이고, 교통·운송에서 배출되는 이산화탄소를 저감하며, 공장에서 제품을 만드는 과정을 효율화해야 해.

가정용 전기는 많은 부분이 집을 따뜻하게 하거나 시원하게 하는 데 쓰이잖아. 냉난방에 쓰이는 전기를 줄이려면 에너지 효율이 높은 집을 지으면 돼. 지열이나 태양광을 이용한 주택,

---

10 **탄소 발자국**이란 사람이 활동하거나 상품을 생산·소비하는 과정에서 직간접적으로 발생하는 이산화탄소의 총량을 의미해.

단열[11]에 공을 들인 주택 등이 여기에 속해. 단열이 잘되는 주택은 외부에서 전기를 끌어오지 않아도 햇볕이나 지열 등을 잘 활용하면 냉난방이 가능하거든. 그 예로, 서울시 노원구의 노원 EZ센터는 화석연료를 전혀 사용하지 않으면서도 쾌적한 주거 환경을 제공해. 탄소 중립을 선언한 이 건물은 국내 최초로 에너지 제로 주택 단지로 알려져 있어. 제로 에너지 건축이란 건

태양 에너지
태양광 패널 이용

고단열 지붕
에너지 절약

풍력 에너지
풍력 에너지 변환 시스템

벽 단열 시공
삼중 유리 시공

적정 수량으로
조절

인공지능 기기
절전 기능 강화

지열 에너지
지열 냉난방

고단열 바닥
열 손실 방지

물에서 만들어지는 재생 에너지(+)와 건물이 쓰는 에너지(-)를 합산한 총량이 최종적으로 '0'이 되는 건축물이야.

운송 부분은 온실가스 배출량의 최대 16퍼센트(8기가톤)를 차지해. 주요 배출원은 사람과 물건을 실어 나르는 자동차와 트럭 등 도로 운송이며, 나머지는 항공과 해양 선박이야. 현재 전 세계 도로 위를 달리는 자동차 중 전기차 비율은 고작 1퍼센트에 불과해. 물론 각국 정부의 전기차 권장 정책과 인센티브(보조금 지원, 세금 감면 등)에 힘입어 빠르게 늘어나고 있어.

미국 필라델피아에서는 전철이 커브를 돌 때나 역에 들어서면서 브레이크를 밟을 때마다 생기는 마찰력을 전기로 전환해서 대형 배터리에 저장해. 스웨덴 스톡홀름의 중앙역은 하루 평균 25만 명의 승객으로 북적대는데, 몸에서 나는 열(체열)을 모아서 물을 데운 다음에 약 100미터 떨어진 13층짜리 사무용 건물을 덥히고 있어.

기업에서 쓰는 전기, 즉 제품을 만드는 과정에서 불필요하게 낭비되는 전기 또한 줄여야 해. 산업 및 제조업 부문은 온실가

---

11 단열은 물체와 물체 사이에 열이 통하지 않도록 막는 걸 뜻해. 건물이 겨울엔 외부에 열을 덜 뺏기도록 하고 여름엔 외부의 열을 덜 흡수하도록 하는 거야.

스 배출량의 최대 28퍼센트(14기가톤)을 차지해. 지금까지는 공급되는 전기가 싸다 보니까 이런 일에 크게 신경 쓰지 않았어. 기업이 스스로 알아서 전기를 절약한다면 좋겠지만, 그런 일은 쉽지 않아. 그러니 전기 요금, 특히 산업용 전기 요금을 올릴 필요가 있어. 가격이 오르면 전기를 아끼려고 노력할 테니까.

에너지 사용을 줄이려는 노력 역시 필요해. 생각과 습관의 변화가 무엇보다 중요하지. 에너지 효율이 높아졌다고 과거처럼 흥청망청 사용하면 아무런 소용이 없잖아. 우리나라의 1인당 전력 소비량은 OECD 회원국 중 미국에 이어 두 번째로 많아. 영국이나 이탈리아 등과 비교하면 1인당 전력 소비량이 거의 2배에 달해. 워낙 산업 부문이 에너지 다소비 업종으로 구성되어 있다 보니 에너지 소비량이 많아서 그래. 게다가 가정용 전력 소비량도 지속적으로 늘고 있지.

불필요한 이메일만 정리해도 에너지를 아낄 수 있어. 서버에 이메일을 보관하느라 많은 전기가 쓰이거든. 전 세계 이메일 사용자 23억 명이 이메일 50개씩만 지워도 27억 개의 전구를 한 시간 동안 끄는 것과 같은 효과를 얻을 수 있어.

에너지 등급이 높은 고효율 가전제품을 사용하고, 조명을 효율이 높은 LED로 교체하는 것도 좋은 방법이야. 컴퓨터 등을 사용하지 않을 때는 끄는 습관을 들여서 전기 사용을 줄여야 해. 전기를 많이 쓰는 건조기도 탄소 배출의 주범이야. 세탁물을 널어 말리기만 해도 세탁 과정에서 발생하는 탄소의 75퍼센트를 줄일 수 있어. 빨랫감을 모아서 한 번에 빨거나 다림질하는 것도 좋아. 4층 이하는 엘리베이터 대신 계단을 이용하면 건강에 이롭고 환경에도 이롭지.

난방 온도를 2도 낮추고 냉방 온도를 2도 높이면 좋아. 겨울철 건강 온도 18~20도, 여름철 건강 온도 26~28도로 유지하면 많은 에너지를 절약할 수 있어. 연중 가장 추운 12월부터 2월까지 석 달 동안 가정에서 실내 온도를 1도만 낮춰도 우리나라가 하루에 소비하는 석유량 3억 3845만 리터를 아낄 수 있거든.

화석연료 사용을 줄이고 온실가스 배출을 낮추려면 승용차를 덜 타고 대중교통을 이용해야 해. 한국에너지공단에서 조사한 '교통수단별 온실가스의 배출량'에 따르면, 한 사람이 1킬로미터를 이동할 때 배출하는 이산화탄소 양이 버스가 27.7그램인 반면에 승용차는 무려 210그램이나 돼. 승용차 대신 대중교통을 이용할 경우, 연간 445킬로그램의 이산화탄소를 줄일 수 있어. 전기차나 수소차를 타는 것도 좋지. 차 트렁크에 불필요한 짐을 빼서 차량을 가볍게 하는 것도 연료 절약과 탄소 배출 감소에 도움이 돼.

가까운 거리는 걷거나 자전거를 이용하면 좋아. 미국의 기술 잡지 〈와이어드〉에 "기후 변화 위기 이후에도 살아남을 수 있는 기술이 무엇인가"를 분석한 글이 실린 적 있어. 사람들이 첫 번째로 꼽은 기술이 자전거였지. 자동차는 사라질지 모르지만, 자전거는 미래에도 꿋꿋이 살아남을 전망이래.

소비할수록 더워지다

조너선 사프란 포어는 《우리가 날씨다》에서 개인이 기후 변화를 막기 위해 할 수 있는 효과적인 네 가지 활동을 제시했어. ① 채식 위주로 먹기, ② 비행기 여행 피하기, ③ 자동차 없이 살기, ④ 아이 적게 낳기. 이 중에서 당장 실천할 수 있으면서 실천 효과가 매우 큰 활동은 '채식 위주로 먹기'야.

소, 닭, 돼지 등 가축과 반려동물을 포함하면 육지 동물 생물량의 65퍼센트가 가축이고, 32퍼센트가 인간이야. 야생 동물은 고작 3퍼센트에 불과해. 1000년 전에 가축과 인간을 합친

생물량이 2퍼센트에 불과했던 것과 비교하면, 지구는 '거대한 농장'이 돼 버렸어.

육식은 어마어마한 이산화탄소를 뿜어내. 예를 들어 양고기 1킬로그램을 생산하기 위해서는 24.5킬로그램의 이산화탄소를 배출하게 되는데, 이는 자동차를 100킬로미터 이상 운전할 때 발생하는 이산화탄소 양과 비슷해. 소고기에서는 양고기보다 더 많은 이산화탄소가 나와. 소고기 한 덩이를 먹으면 서울에서 대전까지 운전할 때보다 더 많은 양의 온실가스가 배출되지. 소고기 생산으로 배출되는 온실가스가 축산 분야 전체 배출량의 41퍼센트나 된다니 정말 놀랍지 않니? 소는 음식을 소화하는 과정에서 엄청난 양의 메테인 가스를 배출하거든. 트림과 방귀를 통해 내뿜는 메테인 가스는 이산화탄소보다 온실효과가 86배나 더 커. 메테인 가스는 동물 폐기물에서도 발생하지.

전 세계에서 상당히 많은 음식물이 버려지고 있어. 약 30퍼센트가 버려지지. 매우 안타까운 일이야. 먹을 만큼만 조리해서 음식물 쓰레기를 줄여야 해. 우리나라에서 한 해 발생하는 음식물 쓰레기의 양은 전체 생활 쓰레기의 29퍼센트를 차지해. 그중 70퍼센트는 가정과 학교, 소형 음식점에서 배출되고 있어.

전 국민이 음식물 쓰레기를 20퍼센트만 줄여도 연간 온실가스 177만 톤이 감소해. 이는 승용차 47만 대가 배출하는 이산화탄소의 양과 같고, 소나무 3억 6천만 그루가 흡수하는 이산화탄소의 양과 같아.

영국 런던의 한 대학에서는 가축을 길러서 판매하는 축산업이 온실가스 배출의 주범이라며 학교 안에서 소고기가 들어간 음식을 판매하지 못하도록 했어. 고기와 유제품(우유·치즈·버터 등)의 소비를 절반만 줄여도 축산 분야의 온실가스 배출량의 40퍼센트를 줄일 수 있지. 온실가스 때문에 모두가 채식주의자가 되어야 한다는 말이 아니야. 고기를 아예 먹지 말자는 게 아니라 조금 덜 먹도록 노력하자는 거지. 가축 사육에서 발생하는 온실가스의 양은 교통수단 전체에서 배출하는 온실가스의 양과 거의 같아. 기후 위기를 막기 위해 개인이 할 수 있는 노력은 육식을 줄이고 음식물 쓰레기를 최소화하는 거야. 식습관을 바꾸는 것만으로 지구를 구할 순 없겠지만, 식습관을 바꾸지 않으면 지구를 구할 수 없어.

소비한다는 건 물건만 소비하는 게 아니라, 탄소를 소비하고 지구를 소비하는 거야. 소비할 때마다 엄청난 탄소 발자국을 남기지. 2018년 기준, 우리나라 성인 한 사람이 1년에 353잔의

커피를 마셨어. 에드워드 흄스의 《배송 추적》에 따르면 커피 원두는 4만 8000킬로미터를 넘게 이동해. 아이폰 한 대를 만들기 위해 부품들이 이동한 거리는 38만 6000킬로미터나 되지. 지구를 자그마치 여덟 바퀴 돌 수 있는 긴 여정이야. 그 여정 동안 많은 탄소가 배출되는 거야.

필요한 만큼만 적당히 소비하면 된다고 생각하겠지만, '적당히'가 사람마다 다르고 현대인이 워낙 소비에 익숙해져서 '적당히'가 정도에 알맞은 양이 아닐 수 있어서 문제야. 그래서 '덜' 소비하고 '적게' 버리겠다고 생각하는 게 좋아. 자원과 에너지를 덜 쓰고 쓰레기를 적게 버리는 일이 최선의 실천이야. 미국소비자연맹(NCL)의 초대 사무국장

이었던 플로렌스 켈리는 "산다(live)는 것은 산다(buy)는 것이다. 산다(buy)는 것은 힘이 있다는 것이다. 힘이 있다는 것은 책임이 있다는 것이다"라고 했어.

'아무것도 사지 않는 날(Buy Nothing Day)'을 혹시 아니? 삶의 중심을 소비에 두는 사고방식을 뜻하는 소비주의에 저항하는 국제적인 날로, 매해 11월 마지막 주 토요일이야. 캐나다에서 광고업에 종사하던 테드 데이브는 '자신이 만든 광고가 사람들을 끊임없이 소비하게 만든다'는 문제를 깨닫고 1992년 '아무것도 사지 않는 날'을 만들었어. 많은 사람이 행동을 바꾸는 건 혁명처럼 느껴질 수 있어. 그런 혁명적인 변화를 위해서 치러야 하는 비용도 부담스럽고. 하지만 그런 비용은 아무것도 하지 않아서 치러야 할 대가에 비하면 정말 사소하고 보잘것없어. 아무것도 하지 않으면, 죽음이 기다릴 뿐이야. 무분별한 소비와 풍요의 대가는 파멸이고.

숲을 살리자

영국 왕립통계학회는 매년 그해의 상징적인 통계를 발표해. 2020년을 맞아 지난 10년을 대표하는 통계 숫자를 발표했는데, 8400000이야. 2010년부터 2019년까지 아마존 열대 우림에서 사라진 숲을 축구장 개수로 나타낸 숫자이지. 아마존에서만 지난 10년간 자그마치 축구장 840만 개 넓이의 숲이 사라졌어.

지구의 허파로 불리는 아마존 열대 우림은 브라질과 페루, 콜롬비아 등 9개 나라에 걸쳐 있는 아마존강 유역에 있어. 세계에서 가장 큰 열대 우림이야. 전체 넓이가 약 700만 제곱킬로미터로, 지구 표면의 1퍼센트를 차지해. 크기가 무려 대한민국 면적의 55배에 달하지. 그런데 아마존 열대 우림을 비롯해 전 세계숲이 빠르게 줄어들고 있어. 숲이 사라지면 인간의 삶도 안전할수 없어.

생물 다양성과 관련해서 숲은 정말 중요해. 아마존 열대 우림도 지구 생물종의 10분의 1 이상이 서식해 '생물 다양성의 보물창고'로 불리지. 숲 생태계의 파괴가 종의 멸종을 불러온 사례로, 인도네시아 보르네오의 오랑우탄을 들 수 있어. 지난 1999

년부터 2016년까지 보르네오에서 오랑우탄이 10만 마리 이상 사라졌지. 앞으로 35년 사이에 현 개체 수의 절반가량인 4만 5000마리가 더 사라질 것으로 예측돼. 서식지인 숲이 파괴되면서 오랑우탄이 멸종 위기에 처한 거야.

현재 지구상에는 3조 그루의 나무가 있어. 이들 나무가 연간 400기가톤의 이산화탄소를 흡수하지(물론 나무도 호흡 과정에서 이산화탄소를 내뿜기도 해). 탄소 중립을 위해서는 1조 그루의 나무가 더 필요하다고 해. 그런데 오히려 나무가 점점 줄어들고 있어. 1분에 축구 경기장 30개 크기만큼의 열대 숲이 사라지고 있거든. 아마존 숲의 경우엔 대개 콩을 재배할 땅을 늘리거나 소를 기을 목초지를 개발하기 위해 파괴되고 있어.

숲은 기후 조절, 이산화탄소 흡수, 홍수 조절, 야생 동물의 서식처 제공, 원목 생산, 휴양 등 인류의 생존과 생활에 꼭 필요해. 아마존 숲만 해도 지구 온난화를 막아 주는 방파제 역할을 해. 약 1000억 톤의 탄소를 저장하고 있는데, 전 세계 석탄 발전소 전체의 한 해 탄소 배출량이 15억 톤인 것을 생각하면 어마어마한 양의 온실가스를 저장하고 있는 거야. 나무 심기는 오랜 세월을 거쳐 확실하게 검증된 방법이야. 지구 온도를 낮추려고 여러 기술이 연구되고 있어. 그런데 신기술은 지구 환경에 부작용을 일으킬 수 있어. 나무 심기는 그런 우려가 전혀 없지.

또한, 나무는 도시 환경 개선에도 긍정적인 역할을 해. 도심에 녹지를 조성하면 탄소 흡수, 산소 발생 말고도 여러 긍정적인 효과를 거둘 수 있어. 비가 올 때는 물 저장고 역할을 하고, 흙이 떠내려가는 것을 막아 줘. 수분을 머금고 배출하면서 습도 조절에도 도움을 주지. 녹지는 태양열과 자외선을 차단하는 역할도 해. 더운 여름에는 도심 녹지와 콘크리트 포장 도로의 온도가 10도 이상 차이 날 정도거든. 나뭇잎의 공기 정화 작용도 빼놓을 수 없어. 녹지가 많을수록 미세먼지가 줄어들지. 이러한 이유로 녹지를 늘리기 위해서 노력해야 해.

만약 땅이 부족하다면 건물을 활용할 수도 있어. 베지텍쳐(vegitecture)라는 단어를 들어 봤니? 초목(vegetation)과 건물(architecture)의 합성어로, 풀과 나무를 입힌 건물을 말해. 앞으로는 베지텍쳐 건축물이 흔해질 거야. 이것은 마치 건물 안에 녹지를 둔 것과 같은 효과를 내지. 건물을 감싼 식물이 강한 자외선과 열로부터 건물을 보호하고 실내 온도를 시원하게 유지해 주거든.

식물을 떠올릴 때 나무를 먼저 생각하지만, 바다 식물도 빼놓을 수 없어. 울창한 숲, 내륙 습지, 바닷가 연안 습지 중에서 단위 면적당 가장 많은 이산화탄소를 흡수하는 곳은 바닷가 연안의 습지야. 바다는 커다란 이산화탄소 저장 창고지. 바다는 지구 표면의 71퍼센트를 차지해. 지구 생명체의 80퍼센트가 이곳에 살고 있지.

탄소에는 블랙카본, 그린카본, 블루카본 등이 있어.[12] 블랙카본은 석탄이나 석유 같은 탄소가 포함된 화석연료가 불에 타면서 나오는 탄소를 말해. 검은 그을음이라고 생각하면 돼. 이산화탄소 대비 온실 효과가 460~1500배나 되지. 반면에 그린카본과 블루카본은 자연에 나쁜 영향을 주지 않아. 식물은 광합성을 통해서 대기 중의 이산화탄소를 흡수하고 산소를 만들어. 바닷가에 서식하는 생물들 역시 이산화탄소를 줄이는 데 중요한 역할을 하지.

유엔환경계획(UNEP)에 따르면 바다는 지구 이산화탄소의 93퍼센트를 저장하고 있어. 산업혁명 이후 인류가 배출한 총 이산화탄소의 30퍼센트에 해당하는 약 1200억 톤의 탄소를 바다가 흡수해 저장했지. 해양의 탄소 흡수 능력은 아직 절정에 이

---

12 자연에 존재하는 탄소는 저장되는 위치에 따라 다양하게 불려. 화석연료에서 발생해 기후 변화에 영향을 주는 '블랙카본', 바다 생물과 해양 생태계가 흡수하는 '블루카본', 숲이 흡수해서 저장하는 '그린카본'이 있어.

르지 않았어. 우리가 조금만 더 노력한다면 탄소 흡수 능력을 더 끌어올릴 수 있는 거야.

그런데 안타깝게도 바다가 죽어 가고 있어. 전 세계 해저 면적의 1퍼센트를 차지하는 산호초는 해양 생태계에서 매우 중요한 역할을 해. 해양 생물의 4분의 1이 산호초를 안식처로 삼거든. 산호초에 사는 조류(藻類)는 이산화탄소를 흡수하고 산소를 만드는 역할을 하지. 그런데 수온 상승과 무분별한 연안 개발 등으로 산호 내부에 서식하는 공생 조류가 죽어 가고 있는 거야. 지금부터라도 갯벌, 바다 숲 등을 잘 보호하고 더욱 늘려서 탄소를 더 잘 흡수할 수 있는 바다 환경을 만들어야 해.

탄소 포집 기술

에너지 전환과 에너지 효율화, 수소 에너지 등은 탄소 배출을 줄이기 위한 방법이야. 이러한 노력과 함께 배출된 탄소를 처리하는 데도 힘써야 하지. 탄소 처리 방법에는 흡수와 제거가 있어. 탄소 흡수는 나무 심기, 산림 보호 등과 관련되고, 탄소 제거는 말 그대로 탄소를 기술을 활용해 없애는 거야. 최근 '기후

공학' 혹은 '지구공학'이라 부르는, 기후를 조절하는 기술이 최후의 수단으로 주목받고 있어. 지구공학으로 기후 변화를 막는 방법은 크게 두 가지야. 첫 번째는 지구 기온을 높이는 원인인 이산화탄소를 제거하는 방법이고, 두 번째는 지구로 들어오는 태양 에너지를 줄여서 온난화 속도를 늦추는 방법이야.

첫 번째 방법 중의 하나로 이산화탄소를 포집해서 저장하는 기술이 있어. 탄소 포집·활용·저장 기술(CCUS)은 인위적으로 탄소를 모으는 기술이야. 발전소 같은 이산화탄소 배출원에 흡수제를 설치해 이산화탄소를 모으거나 땅속 깊은 곳에 묻는 방법이야. 모은 탄소를 활용하는 방법으로 탄소 자원화 기술이 있지. 탄소를 변환해 건축 자재, 화학제품의 원료로 쓸 수 있어.

유엔환경계획(UNEP)은 2050년 탄소 중립을 실현하려면 탄소 포집 기술을 적극적으로 활용해야 한다고 주장하지. 덧붙여 기술을 활용해 1년에 80억 톤 정도의 이산화탄소를 대기 중에서 포집해야 한다고 전망해. 그래야만 파리협정에서 제시한 목표를 달성할 수 있다고 보거든.

IPCC는 옥수수와 사탕수수를 재배해 이산화탄소를 빨아들이고, 옥수수와 사탕수수를 바이오 연료로 만들어 발전소를 돌리자고 제안해. 발전소에서 나온 이산화탄소는 잘 모아서 땅에 묻자고 덧붙이지. 그러나 IPCC가 제안한 방법으로 현재의 에너지 수요를 충당하려면 호주 대륙 정도의 땅이 필요해. 그만큼의 땅을 확보하기 위해 숲을 파괴하면 생태계가 무너질 거야. 숲을 파괴하는 대신 기존의 농경지를 활용할 경우엔 세계적인 식량 부족 사태가 벌어질 수도 있어. 게다가 이산화탄소를 땅에 묻는 방법은 이산화탄소를 완전히 없애는 게 아니라서 시간이 흐른 뒤에 지상으로 이산화탄소가 흘러나올 수도 있고.

IPCC가 제안한 방법 말고 공기 중에 있는 탄소를 직접 포집하는 방법도 있어. 빌 게이츠가 "세상을 뒤흔들 혁신적인 기술"이라고 한 '직접 공기 포집(Direct Air Capture)'이지. 이 기술의 도입을 가로막는 것은 경제적인 부담이야. 비용이 비싸거든. 탄소 포집률을 높이고 비용을 낮추려면 기술 개발이 더 필요해. 그런데 문제는 우리에게 주어진 시간이 많지 않다는 거야. 국제에너지기구(IEA)에 따르면, 2023년 기준으로 대규모 탄소 포집 시설은 전 세계에 18군데밖에 없어. 2도 상승 이내로 목표를 정할 경우, 대규모 탄소 포집 시설을 1.5기씩 앞으로 70년 동안 매일 설치해야 목표 달성이 가능하지. 지금 당장 온실가스를 줄여야 하는데, 어느 세월에 이렇게나 많은 탄소 포집 시설을 세울 수 있겠어? 달리는 자동차 위에서 브레이크를 만들자는 얘기와 비슷하지.

두 번째 방법 중의 하나로, 성층권에 이산화황 에어로졸을 주입하는 방법이 있어. 화산 폭발에서 아이디어를 얻었지. 1991년 필리핀에서 큰 화산이 폭발해 2000만 톤의 황산염 에어로졸이 하늘 높은 곳에 있는 성층권으로 흘러들었어. 수많은 황산염이 작은 거울처럼 햇빛을 반사해 태양열이 지구 표면에 닿는 것을 막았지. 그 결과 1~3년 동안 지구 평균 기온이 0.2~0.5도 낮아졌어. 여기에 착안해 화산 폭발과 유사한 상황을 만들어 지구 기온을 낮추려고 하는 거야.

그런데 문제는, 이 방법이 날씨와 강우(降雨) 패턴에 영향을 줄 수 있다는 점이야. 실제로 필리핀에서 화산이 폭발한 이듬해에 남아시아와 남아프리카의 강우량이 10~20퍼센트 줄었어. 또 다른 문제는, 일단 성층권에 에어로졸을 주입하기 시작하면 멈추는 게 거의 불가능하다는 거야. 만약 주입을 중단하면 잠시 멈췄던 기온이 걷잡을 수 없이 올라갈 수 있거든.

우리가 잊지 말아야 할 사실은 지구는 인간의 실험실이 아니라는 거야. 지구는 우주에서 인간이 살 수 있는 유일한 행성이잖아. 화성 이주를 꿈꾸는 이들도 있지만, 앞으로도 꽤 오랫동안 인류는 지구를 떠나서 살 수 없어. 지구공학의 방법은 지구에 돌이킬 수 없는 부작용을 남길지도 몰라. 탄소 포집은 그나마 위험이 덜하지만, 대기에 직접적으로 개입하는 방법은 안전이 보장되지 않기에 더욱 신중해야 하지.

봉준호 감독이 만든 〈설국열차〉라는 영화가 있어. 이 영화의 배경인 설국(雪國)은 기상 이변으로 모든 것이 꽁꽁 얼어붙은 지구를 가리키지. 그런데 설국은 지구공학의 예상치 못한 결과였어. 지구 온난화 대책으로 냉각제 'CW-7'을 대기 중에 살포했는데, 과학자들의 예상과 다르게 지구 대기가 망가져 버린 거야. 그 결과 지구에 빙하기가 닥치면서 거의 모든 생물이 사라졌어. 영화 속 상상이 현실이 될 수도 있다고 생각하면 너무 무섭지 않니?

6장
어떻게
달라져야 할까?

찰스 다윈

자연에 반하는
모든 것은
오래 존속하지 못한다.

이미 시작된 인류세

인류가 지구에 미치는 엄청난 영향력을 감안해 만들어진 개념이 '인류세(Anthropocene)'야. 인류세란 인류가 지구 환경을 급격하게 바꾼 현실을 반영한 명칭으로, 새로운 지질 시대를 말해. 한마디로 인류세란 인류라는 한 생물종이 지구 환경 전체를 바꾼 시대야. 오존층 연구로 노벨상을 수상한 파울 크뤼천의 글을 통해 널리 알려진 개념이지.

지질 연대표상 현재는 홀로세(1만 1700년 전~현재)에 속하지만, 산업혁명 이후 인간이 지구의 땅과 대기를 바꿔 버렸다는 의미에서 붙여진 용어가 인류세야. 인간이 지구의 운명을 좌우하는 시대가 왔다는 사실을 단적으로 표현한 개념이라고 할 수 있어. 대표적인 특징으로는 플라스틱·콘크리트 등 인공물 증가, 이산화탄소·메테인 등 대기 성분 변화, 지구 온도의 급격한 상승, 대기·수질·토양 오염의 확대, 닭 소비 급증(해마다 엄청나게 많은 닭 뼈가 땅에 묻히고 있어) 등이 꼽혀.

지금까지 이런 시대는 없었어. 지구 땅덩어리 중에서 인간의 손길이 미치지 않은 곳은 현재까지 4분의 1 정도야. 하지만 이런 추세라면 30년 뒤에는 사막이나 극지방, 산악 지대 등, 인간의 손길이 닿지 않은 곳이 지표면의 10퍼센트에 불과할 거야. 인간이 사는 도시의 면적이 매년 4억 제곱미터씩 증가하고 있어. 특히 농지 개간을 위한 산림 벌채는 매우 심각한 상황이야. 지표면의 10분의 4가 인간의 먹을거리를 기르는 데 사용되고 있거든. 전 세계 담수의 4분의 3을 인간이 통제하고 있어. 지구 온도가 상승하면서 빙하가 녹아내리고, 물고기의 보금자리인 산호초가 고사하고 있지.

인간은 지구 곳곳에 자신의 흔적을 남겨 두었어. 문명의 총 무게는 30조 톤에 달해. 피라미드부터 면봉까지 인간이 만든 모든 것의 무게, 즉 기술권(technosphere)의 무게는 지구상에 존재하는 생물들의 무게, 즉 생물권(biosphere)의 무게보다 8배나 더 나가지. 생물권이란 개미부터 코끼리까지 지구에서 살아가는 모든 생물을 아우르는 개념이야. 인류가 지구 표면에 부려

놓은 것들의 무게는 1제곱미터당 50킬로그램에 이르지. 그런데도 우리는 여전히 최초의 인간들처럼 행동하고 있어. 만들고 쌓고 버리고, 다시 만들고 쌓고 버리기를 무한 반복하면서.

첫 번째 사진은 1972년에 아폴로 17호에서 지구를 찍은 '블루 마블', 즉 푸른 구슬 사진이야. 그 옆에 두 번째 사진은 2021년 국제우주정거장에서 한 승무원이 영국, 프랑스 등의 야경을 찍은 사진이지. 별빛을 삼키며 홀로 반짝이는 문명의 불빛이 참으로 휘황찬란하지?

인간은 지구상 거의 모든 곳에, 그리고 거의 모든 것에 자기 지문을 남겼어. 땅속에, 바닷속에, 대기 속에 인간의 손길이 닿지 않은 곳이 없을 정도로. 온실가스와 대기 오염 물질은 물론이고 플라스틱, 콘크리트, 방사성 물질, 한해 600억 마리씩 나오는 치킨 뼈까지, 인간의 흔적이 지구를 온통 물들였지. 극지방에서도 미세 플라스틱이 발견되고, 대기의 가장 바깥쪽 외기권에도 위성 쓰레기들이 가득해. 덴마크 연구진의 계산에 따르면, 지금 당장 인류가 사라져도 자연이 원래 상태를 회복하는 데 500만 년이 걸린다고 해.

독일의 언어학자이자 문화학자인 하랄트 하르만은 《문명은 왜 사라지는가》에서 모아이 석상으로 유명한 이스터섬의 문명

이 갑자기 붕괴한 원인을 17세기 중반 소빙하기에 나타난 기후 변화에서 찾았어. 기후가 변한다고 모든 문명이 멸망하진 않아. 이스터섬의 문명이 기후 변화를 이겨 내지 못한 결정적인 이유는 자원 고갈 때문이었어. 이스터

이스터섬에 남아 있는 얼굴 모양의 석상.
(출처: 위키미디어 커먼즈)

섬은 원래 온난 다습한 기후로, 풍부한 자연 자원이 있었거든. 그런데 이 섬에 사람이 정착한 지 약 1천 년 만에 무성했던 나무가 모두 사라지고, 모아이 석상만 덩그러니 남게 됐지. 원주민들은 섬의 평화와 번영을 기원하기 위해 석상을 만들기 시작했어. 화산에서 암석을 채굴해 석상을 만들고, 석상을 운반하기 위해 나무를 베어 굴림대를 만들었지. 그렇게 무거운 석상을 해안까지 굴려 운반했어. 거대한 석상을 만들며 사치스러운 문화를 유지하느라 나무를 다 써 버렸고, 결국 숲이 파괴되자 급격히 몰락의 길을 걸었지.

이스터섬과 비슷한 운명을 겪은 문명들이 더 있어. 한때 번성했다가 갑자기 사라진 문명들이지. 메소포타미아 제국과 인더스 문명은 고대의 대표적인 문명 발상지로 알려져 있는데, 두 곳은 한때 세상에서 가장 번성한 곳이었어. 그런데 거대한 도시를 건설하고 신전을 세우느라 수많은 나무를 베었고, 그 결과 숲이 파괴되었지. 녹지가 황무지로 변하고 숲이 사라지자 홍수나 가뭄 등 자연재해에 취약한 환경으로 바뀌었어. 자원 고갈과 반복되는 자연재해로 찬란했던 문명이 쓰러졌지.

돌이켜보면 숲의 흥망성쇠는 인류 문명의 운명과 함께해 왔어. 중앙아메리카의 마야 문명, 미국 뉴멕시코에 있던 아나사지 문명도 나무를 베고 숲을 없앴기 때문에 문명이 위기를 맞았지. 숲이 사라지자 곧이어 물이 마르고, 결국 사람도 살 수 없게 되었어.

환경을 파괴하고 자원을 고갈시킬 때 맞이할 필연적인 결과를 우리는 이미 알아. 이스터섬의 이야기는 먼 과거의 이야기가 아니야. 지금 우리도 이스터섬의 원주민이 걸어간 길을 따라 걷고 있지 않나 돌아봐야 해. 언젠가 우리에게도 마지막 한 그루의 나무를 베는 날이 올지도 몰라. 그날은 도둑처럼 갑자기 들이닥칠 거야. 갈수록 자원은 고갈되고, 지구는 뜨거워지고 있어. 문명의 역사에서 기상 이변은 '대량 살상 무기'였지. 고립된 이스터섬의 원주민들이 배를 만들 나무도 없어서 섬에서 탈출하지 못했던 것처럼, 우리도 지구를 벗어날 수 없다는 사실을 명심해야 해. 어쩌면 지구는 우주라는 바다에 떠 있는 이스터섬인지도 몰라.

생각을 바꾸자

〈지구가 멈추는 날〉(2008)은 외계인의 지구 침공을 다룬 SF영화야.[13] 영화에서 외계인 클라투는 지구를 대표하는 미국 국방부 장관과 이런 대화를 나누지.

장관: 왜 우리 행성에 왔습니까?

클라투: 당신네 행성?

장관: 네, 여기는 우리 행성입니다.

클라투: 아니, 그렇지 않습니다.

13   science fiction films. 과학 지식과 상상력을 바탕으로 미래나 우주 등을 다룬 영화를 말해.

장관: 당신은 우리의 친구인가요?

클라투: 나는 지구의 친구입니다.

장관이 말한 '인간의 친구'와 외계인이 말한 '지구의 친구'는 같지 않아. 인간 문명에 의해 위기에 처한 지구를 구하려는 외계인의 목적은 '인간 침공'이지 '지구 침공'이 아니거든. 인간은 마치 지구를 자기 것으로 생각하지만, 결코 그렇지 않아.

지구는 거대한 생명체야. 모두가 연결되어 있어. 지구는 현 세대의 것이 아니고, 우리는 지구의 주인이 아니야. 잠시 머물다 가는 손님일 뿐이지. 먹이 사슬 피라미드를 생각해 봐. 가장 위에 있는 최상위 포식자가 강자이고 자연의 지배자일까? 얼핏 보면 그런 것 같지만, 아니야. 최상위 포식자는 그 아래 동식물이 없으면 살아갈 수 없어. 그럼 맨 아래에 있는 식물은 어떨까? 그들은 동물이 없어도 충분히 살 수 있어. 그렇게 본다면 최상위 포식자인 인간은 자연의 지배자가 아니라, 자연에 붙어 사는 존재일 뿐이야.

모든 동물은 산소를 들이마시고 이산화탄소를 내뱉어. 지금까지 지구상에 살았던 모든 동물이 내뱉은 이산화탄소를 전부 모으면 엄청난 양일 거야. 그런데 신기하게도 수십만 년 동안 지구에서 이산화탄소의 양은 일정하게 유지돼 왔어. 인간이 등장해서 문명을 일구고 산업을 일으키기 전까진 그랬지. 어떻게 그럴 수 있었을까? 그 비결은 식물이야. 식물이 이산화탄소를 흡수하거든.

다음은 이산화탄소 증감 그래프이야. 그래프는 물결무늬 같은 모양을 띠고 있어. 이산화탄소가 매년 늘었다 줄었다를 반복해서야. 북반구는 남반구보다 육지가 더 많으니까 당연히 나무도 더 많지. 북반구에 여름이 찾아오면 광합성이 활발히 일어나서 지구 대기 속의 이산화탄소가 줄어들어. 반면에 북반구에

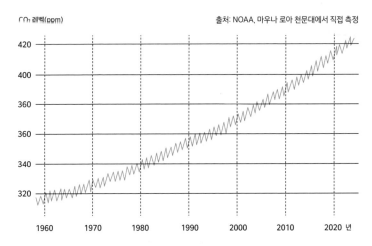

▶ 이산화탄소 측정 그래프(1958~2024년 1월)

겨울이 오면 광합성이 줄어들면서 대기 중에 이산화탄소가 늘어나지. 그래서 1년 주기로 이산화탄소가 줄었다 늘었다를 반복하는 거야. 마치 생물의 호흡과 비슷하지 않니? 이것만 봐도 지구 역시 거대한 생명체라는 걸 알 수 있어.

아메리카로 건너온 유럽인들이 원래 그 땅에 살고 있던 인디언들에게 땅을 넘기라고 요구하자 시애틀 추장은 이렇게 말했어. "우리는 압니다. 이 땅은 인간의 소유물이 아니라 오히려 인간이 이 땅의 소유물입니다. 우리는 압니다. 가족이 한 핏줄로 묶여 있듯이 만물은 하나로 이어져 있습니다. 대지에 무슨 일이 닥치면 그것은 대지의 자식인 우리에게도 닥치는 법입니다."

인류의 지혜로운 조상들은 '만물이 하나로 이어져 있다'는 사실을 잊지 않았던 거야.

그런데 우리는 그러한 지혜를 잊고 살아가고 있지. 2020년 어느 날에 그린란드에서 빙붕[14]이 떨어져 나왔다는 소식이 들려왔지만 '강 건너 불'이었어. 떨어져 나간 빙붕의 크기가 파리시(市)보다 더 컸는데도 다들 아무렇지 않게 지냈지. 그리고 몇 년 후 코로나19가 전 세계를 덮쳤어. 각국은 공항을 닫고 국경을 걸어 잠갔지. 다른 사람과 2미터 이상 거리 두기는 역설적으

---

14 **빙붕**은 바다 위를 둥둥 떠다니는 커다란 얼음덩이를 말해.

로 우리가 얼마나 가까운 존재인지를 깨닫게 해 주었어. 내가 내쉰 공기가 누군가의 폐로 들어가고, 누군가가 내쉰 공기가 내 폐로 들어와 서로의 숨이 섞이고 스미면서 바이러스가 퍼져 나갔거든. 모두가 서로 연결되어 있다는 생각이 허황된 공상이 아니라 사실이었던 거야. 코로나19는 현대인이 하나로서의 인류를, 전체로서의 지구를 실감하게 해 준 사건이었지.

우리는 서로 연결돼 있어. 사람과 물자와 정보가 자유롭게 국경을 넘나들며 세계를 묶고 있지. 사람과 사람뿐만이 아니라 사람과 자연, 자연과 자연도 연결되어 있어. 우리 눈에는 보이지 않지만 커다란 끈이 서로를 묶고 있지. 북아메리카의 인디언 다코타족은 친구나 낯선 사람을 만나면 "미타쿠예 오야신"이라고 인사했는데, "세상 모든 것들은 하나로 연결되어 있다"는 뜻이야.

과학자들에 따르면, 지구의 나이는 45.4억 살이야. 45.4억 년을 하루로 생각해 보면 1시간은 1억 8916만 년이고, 1분은 315만 년이고, 1초는 5만 2544년이야. 즉 1만 년에 해당하는 시간은 0.19초이고, 100년은 0.0019초야. 정말 찰나의 순간이지. 지구 전체의 인생에서 보자면, 인간이 순식간에 코로나19보다 수천 배는 빠른 속도로 모든 것을 망쳐 놨어. 인구수가 어마어마하게 증가했고, 자원을 구하느라 자연을 파괴했고, 헤아리기 어려울 만큼 많은 동식물을 멸종시켰지. 이 모든 일이 찰나에 일어났다는 게 놀라울 뿐이야.

지구가 죽으면 인간도 죽어. 하지만 인류가 사라진다고 지구가 사라지는 건 아니지. 지구가 인류보다 더 본질적이야. 인간은 아무리 오래 살아도 100년밖에 못 살잖아. 반면에 지구의 나이는 무려 46억 살이나 돼. 46억 년을 풀어서 숫자로 나타내 볼까? 4600000000년. 이렇게나 길어. 인간은 지구에 잠시 머물다 가는 손님일 뿐이야. 그런 우리가 지구를 마음껏 써도 되는 보물 창고로 여기며 살아가는 건 문제가 있어. 자연에 대한 생각을 근본적으로 바꿔야 해.《어린 왕자》를 쓴 생텍쥐페리는 "우리는 이 땅을 조상에게서 물려받은 게 아니라 후손에게 빌린 것이다"라고 말했어. 현세대는 지구를 아주 잠깐 빌렸을 뿐이야. 우리는 잠시 사용했다가 다음 세대에게 잘 건네줘야 해.

"탄소 배출을 줄이자"는 어제오늘 나온 목소리가 아니야. 환경 운동가들은 오래전부터 말해 왔고, 심지어 정부와 기업도 탄소 감축을 강조하기 시작했어.

같은 말을 계속 하는 이유는 두 가지야. 첫 번째는 정말로 중요해서이고, 두 번째는 전혀 해결되지 않아서이지. 기후 위기를 해결하기 위해 아무 일도 하지 않는 건, 한편으론 무언가를 열심히 한다는 뜻이기도 해. 기후 위기는 저절로 일어난 불행이 아니야. 우리가 한 행동의 결과잖아. 전기를 쓰고 음식을 먹고 상품을 소비하고 승용차를 탈 때마다 우리는 화석연료를 불태웠어. 우리가 적극적으로 행동한 결과가 기후 위기야.

이제 적극적인 행동의 방향이 달라져야 해. 기후 변화는 대멸종이자 집단 학살이야. 강자가 약자를 강탈해 온 인류의 오랜 역사가 최신 버전으로 나타난 것이야. 기후 변화를 대멸종과 집단 학살로 인식한다면 생각과 행동이 달라지고, 더 나아가 세상도 바뀔 수 있어. 우리 때문에 일어난 일이니까 원인 제공자인 우리가 해결해야 해. 인류가 책임져야 하는 이산화탄소의 절반 정도가 지난 30년 동안 배출되었어. 현세대가 배출한 이산

수많은 사람이 모여 기후 변화에 대한 강력한 조치를 촉구하는 기후 행진.
(출처: 위키미디어 커먼즈)

화탄소가 그만큼 많다는 거야. 지금 나이가 15살이라면, 15년 간 지구 기온을 높이는 데 동참한 거라고 할 수 있지. 의도했든 의도하지 않았든 말이야.

기후 위기의 거대함과 잔혹함을 마주하게 되면 그 무게에 압도당해. 그래서 때론 우리 힘으로는 해결할 수 없다고 여기는 회의론에 사로잡히기도 하지. 하지만 냉소와 무기력은 불타는 지구를 조금도 식힐 수 없어. 우주여행을 꿈꾸고 인간보다 더 똑똑한 AI를 만들겠다면서 지구 온난화를 멈출 수 없다고 포기하는 건 좀 이상하지 않나? 자연을 정복하고 통제할 수 있다고 믿으면서, 정작 사회 시스템은 어쩌지 못한다는 건 이치에 맞지 않잖아? 인간이 만든 시스템이니까 우리가 바꿀 수 있어.

우리가 지금 당장 바뀌어야 하는 건 후손들을 위해서만이 아니야. 지금 달라지지 않으면 결국엔 엄청난 대가를 치러야 할 거야. 모두가 기후 변화의 쓴맛을 보게 되겠지. '쓴맛'이라고 했지만, 사실은 '죽을 맛'에 가까울 거야. 이상 기후 속에서 인간만 멀쩡하긴 어려우니까. 지금 당장 행동하지 않으면 짙은 어둠이 인류를 덮칠지도 몰라.

탄소 중립을 위한 노력은 그래서 중요해. 그것만이 지구를 되살리는 유일한 길이야. 1992년 노벨 평화상을 받은 시민운동가 리고베르타 멘추 툼은 "미래의 희망은 자연이 우리에게 주는 신호 안에 들어 있습니다. 지진, 허리케인, 재난 등 이 모든 것을 통해 우리는 반성하고 곰곰이 생각해야 합니다. 미래를 위해 생명과 시간과 시대 앞에서 우리 자신을 낮출 줄 알기를 바랍니다"라고 말했어. 우리는 지구의 신음 소리에 응답해야 해. 당장 나서야 해. 시간이 별로 없어.

오늘이 내일이다

기후 위기는 인류에게 책임을 묻고 있어. '책임'이라는 단어가 요즘처럼 무겁게 다가온 적도 없는 것 같아. 기후 위기와 관련된 책임은 '미래에 대한 책임'이야. 보통의 경우엔 행동한 시점에서 가까운 시점에 책임을 지게 되잖아? 그런데 기후 위기의 책임은 수십 년 뒤에 부메랑처럼 돌아올 '기후 재앙'에 대한 책임이라는 점에서 참 독특해. 그리고 그 책임의 무게가 인류의 생존을 결정할지도 모른다는 점에서 어마어마하고 말이야.

한번 망가져 버린 지구는 회복하기가 쉽지 않아. 어느 작가의 말대로 두 번째 지구는 없어. 환경운동가 그레타 툰베리는 "당신들은 자녀를 가장 사랑한다 말하지만, 기후 변화에 적극적으로 대처하지 않으며 자녀의 미래를 훔치고 있다"라고 했지. 우리는 자기보다 어린 사람들의 미래를 훔치고 있어. 게다가 기후 위기는 다음 세대의 미래가 아니라 우리 세대의 현실이야. 기후 위기의 고통은 2050년 이후부터 찾아오는 게 아니지. 2050년은 탄소 중립의 목표 시점일 뿐이야. 기후 위기의 고통은 이미 지구 곳곳에서 나타나고 있어. 기후 위기는 우리의 아이들, 그 아이들의 아이들, 또 그 아이들의 아이들의 아이들에게만 해당

"기후를 위한 학교 파업"이라
적힌 피켓을 든 그레타 툰베리.
(출처: 위키미디어 커먼즈)

되는 문제가 아니야. 지금 당장, 우리에게 닥친 문제지.

버락 오바마 전 미국 대통령은 "변화를 가져다주는 사람, 또는 시간을 기다리기만 한다면 변화는 오지 않을 것이다. 우리가 바로 우리를 기다리던 그 사람들이다. 우리가 찾던 그 변화는 바로 우리 자신이다"라고 말했어. 각자가 할 수 있는 일들을 찾아서 조금씩 해 나가야 해. '그런다고 지구 환경이 좋아지겠어?' '나 하나 바뀐다고 얼마나 달라지겠어?' 그런 마음이 든다면 아메리카 인디언들에게서 전해져 내려오는 이야기를 하나 들려줄게. 〈크리킨디 이야기〉로 불리는 전설인데, 이야기에 등장하는 주인공 벌새 이름이 크리킨디야.

어느 날, 숲에 큰불이 났어. 두려움에 휩싸인 동물들은 발을 동동 구르며 산불을 지켜만 봤지. 그런데 작은 벌새 한 마리가 입에 물을 머금고 날아와 불을 끄려고 애쓰는 거야. 바삐 오가는 벌새를 본 아르마딜로가 한심하다는 듯이 물었어. "벌새야, 너 미쳤어? 그 적은 물로 어떻게 불을 끄겠다는 거야?" 그러자 벌새가 담담하게 대답했어. "나도 알아. 나는 그저 내가 할 수 있는 일을 할 뿐이야."

우리 각자는 벌새처럼 작은 존재야. 하지만 충분히 많은 사람이 행동에 나서는 순간, 우리는 결코 작지 않아. 지금 이 순간 내 생각과 판단과 행동이 내일로 이어진다는 사실을 깨닫는다면, 오늘의 작은 실천이 내일의 삶을 결정한다는 사실을 기억한다면, 분명 변화는 시작될 거야. 그러니까 좌절하지 말고 내가 할 수 있는 일을 찾아 해 보자고!

미래의 나를 구하러 함께 가자

SF 영화 〈터미네이터〉에는 시간을 거슬러 미래에서 온 악당이 등장해. 이처럼 과거나 미래로 시간 여행하는 걸 타임 리프(time leap)라고 하는데, 우리가 성인이 되었을 때 어쩌면 그 기술을 간절히 원할지도 몰라. 무엇을 위한 타임 리프냐고? 과거로 돌아가서 부모님과 어른들에게, 그리고 자기 자신에게 간절하게 말하고 싶을 거야. "지금처럼 살아선 안 돼요! 당장 달라져야 해요!" 어쩌면 지금 이 순간에도 미래에서는 무수히 많은 메시지가 오고 있는지도 몰라.

기후는 '인간의 삶을 결정하는 보이지 않는 손'이야. 인류는 300~500만 년 전에 지구상에 등장했어. 동아프리카에 처음 등장한 인류는 9~12만 년 전 아라비아 반도로 이동했지. 인류는 왜 굳이 다른 대륙으로 이동했을까? 당시에 아프리카 대륙에서는 사막화가 진행되었어. 기후가 건조해지면서 식생이 쇠퇴하자 초식 동물은 먹이를 찾아 풀과 나무가 많은 곳으로 이동했고, 사람도 사냥감과 먹을거리를 찾아 뒤따라 이동했지. 당시의 인류는 기후 변화에 속수무책이었어.

인더스문명이 붕괴한 건 4200년 전이야. 독자적인 문자를 만들 정도로 발전한 문명을 건설했는데도 기후 변화로 멸망했지. 갑자기 기온이 떨어지고 비가 오지 않자 인더스강이 마르면서 문명이 사라졌어. 이집트 고왕국, 메소포타미아의 아카드 제국, 중국의 량주 문화와 룽산 문화 등도 비슷한 시기에 크게 쇠퇴했지. 이 모든 일이 기후 변화 때문에 일어났어. 4200년 전 지구에 찾아온 갑작스러운 추위와 심한 가뭄이 여러 왕국의 존망을 결정한 거야. 기후는 이처럼 막강한 힘과 높은 수준을 자랑하는 문명조차 한순간에 무너뜨려.

과학자들은 이미 지구의 '여섯 번째 대멸종'이 시작됐다고 경고하고 있어. 대멸종이란 지질학적인 관점에서 볼 때 짧은 시간 안에 모든 종의 최소 4분의 3이 사라지는 걸 말해. 최악의 경우엔 지구에 사는 종의 95퍼센트 이상이 멸종했지. 오르도비스기, 데본기, 페름기의 끝, 트라이아스기의 끝, 백악기의 끝에 대멸종이 일어났어. 백악기 끝의 대멸종으로 공룡이 사라지자 포유류의 세상이 됐지. 인류는 그 대멸종의 산물이야.

대멸종 이전과 비슷한 수준으로 종 다양성이 회복되기까지 몇 백만 년이 걸렸어. 그런데 현재 2억 5천만 년 전 대멸종 때보다도 100배 더 빠른 속도로 평균 기온이 치솟고 있지. 과학자들은 앞으로 10년 안에 100만 종의 동물이 지구에서 사라질 거라고 예측해. 100만 마리가 아니라 무려 100만 종이야. 지금 벌어지는 생물 종의 멸종은 인류가 지구에 출현하기 이전과 비교하면 1000배나 빨라. 가히 파괴적인 속도지.

지난 200여 년 동안 경이로운 경제 발전을 달성한 현대 문명은 환경 파괴와 기후 변화를 불러왔어. 우리는 앞선 문명들이 남긴 교훈을 기억해야 해. 미래의 내가 시간을 거슬러 오늘의 나에게 간절히 묻고 있어. '우리에게 진짜 필요한 건 무엇이고, 없어도 살아가는 데 아무런 지장이 없는 건 무엇일까?' 하고 말이야. 무분별한 소비와 엄청난 쓰레기로 질식할 것 같은 일상을 당장 끝내야만 해. 그래야 우리는 밝은 미래를 맞이할 수 있어.

이제 탄소 중립은 선택이 아니라 생존의 문제야. 숲을 조성하거나 화석연료를 대체할 재생 에너지를 늘리는 일은 개인이 할 수 없지만, 덜 소비하기, 고기 덜 먹기, 음식 남기지 않기, 대중교통 이용하기, 고효율 가전제품 사용하기 등은 누구나 실천할 수 있는 방법이지. 기업과 정부만이 아니라 개인이, 그리고 전 세계가 함께 노력해야 탄소 중립이 가능해. 지금이 아니면 늦는다는 생각만 있으면 누구나 탄소 중립에 힘을 보탤 수 있어.

미래에서 오늘의 나에게 보내는 SOS에 귀를 기울인다면 새로운 실천 방법을 얼마든지 찾을 수 있을 거야. 다소 불편하더라도 지구에 이롭도록 생활을 바꾸는 일이 미래에서 온 메시지에 응답하는 방법이야. 내가 조금 불편하면 지구는 더 좋아져. 아직 미래를 향해 답장을 쓸 시간이 조금은 남아 있으니까 미리 포기하진 말자고! 미래의 나를 구하기 위해 우리 함께하지 않을래?

과학
쫌 아는
십 대
19

탄소 중립 쫌 아는 10대

초판 **1쇄** 발행 2024년 3월 26일
초판 **2쇄** 발행 2024년 10월 17일

지은이 오승현
그린이 이로우

펴낸이 홍석
이사 홍성우
인문편집부장 박월
편집 박주혜·조준태
디자인 이희우
마케팅 이송희·김민경
제작 홍보람
관리 최우리·정원경·조영행

펴낸곳 도서출판 풀빛
등록 1979년 3월 6일 제2021-000055호
주소 07547 서울특별시 강서구 양천로 583 우림블루나인비즈니스센터 A동 21층 2110호
전화 02-363-5995(영업), 02-364-0844(편집)
팩스 070-4275-0445
홈페이지 www.pulbit.co.kr
전자우편 inmun@pulbit.co.kr

ISBN 979-11-6172-914-5 44400
      979-11-6172-727-1 44080(세트)